サステイナブル工学基礎
― 持続的に発展する社会の実現に向けて ―

博士（工学） 芝池 成人【編著】

コロナ社

「サステイナブル工学基礎」編集機構

【全体編集】

芝池 成人

【執筆者】（（ ）内は担当章）・執筆協力者】

天野 直紀	奈 錦華	原 賢二
上野 聡	新海 健	福島 E. 文彦
上野 祐樹	須磨岡 淳	古井 光明
☆江頭 靖幸 (4章)	関口 暁宣	前田 就彦
大久保 友雅	髙木 茂行	☆松尾 芳樹
大山 恭弘	☆髙橋 秀智 (5章)	松山 直人
片桐 利真	髙橋 昌男	三田 俊裕
加藤 秀行	坪川 宏	☆茂庭 昌弘
☆木村 康男 (6章)	鶴岡 誠	森本 樹
黒川 弘章	戸井 朗人	☆山下 俊
☆芝池 成人 (1-3, 7-10章)	西尾 和之	

☆印は「サステイナブル工学」ワーキンググループメンバー

（五十音順，所属は東京工科大学，2017年11月現在）

は じ め に

　人類は，大自然の恵みを享受するなかで，発見と発明を繰り返しながら科学技術を発展させ，産業を興して経済を活性化し，思想と制度を整備して豊かで高度な社会基盤を構築し，私たちの生活を便利で快適な姿に変えてきた。一方その過程においては，幾多のエネルギーを開発し，大量の地球資源を消費し，周囲の環境にさまざまな排出物を蓄積してきた。特に18世紀には，蒸気機関が実用化された英国を中心に産業革命が起こり，エネルギーや資源の消費量が飛躍的に増大した。そして「ロンドンの霧」に象徴されるように，近代社会の繁栄を横目に工業化の影響が市街や郊外の自然環境に少しずつ影を落とし始めたのである。

　19世紀になると，石油の大量生産を背景とする米国を中心として工業化が急速に拡大し，同時に自然破壊も着実に進行した。その後人類は二度の世界大戦を経験したが，20世紀の中ごろには，中東諸国などから供給される安価な石油を得て世界中で工業化を進展させ，内燃機関を搭載したさまざまな輸送機械をはじめ，革新的な樹脂材料を用いた膨大な工業製品で地上を埋め尽くした。また，社会生活のあらゆる分野に電気機器が浸透したが，必要な電力のほとんどは化石燃料を熱源とする火力発電で生産されている。結果として人類は，現代の隆盛を築き上げたものの，限りある地球資源やエネルギーの枯渇，地球温暖化や大気，土壌，海洋の汚染など，深刻な環境問題に直面する事態に陥った。

　こうした地球規模の課題に対処するため，20世紀後半に「サステイナブル・ディベロップメント（sustainable development）」という理念が提唱された。当初は「持続可能な開発」，最近ではおもに「持続可能な発展」と訳される人類共通のコンセプトであり，これから学ぶサステイナブル工学の根拠になる大変重要な考え方である。この「サステイナブル・ディベロップメント」は21

はじめに

世紀の工学者に対して最も重要な判断基準を提供するであろう。

　本書は，この深甚なる理念のもとで私たちがめざすべき未来像を探究し具現化するため，サステイナブル工学がはたすべき役割を明確にしながら，課題の解決に不可欠な知識と評価手法の基礎を学ぶことを主眼としている。前半（1〜6章）では，まず全体像の把握に努め，環境やエネルギー問題の概要，およびサステイナブルな材料・素材，設計・製造，システム化などに関する個別の技術課題と対策事例を紹介した。後半（7〜10章）では，これらの包括的な知識を有する者が技術や人工物（工業製品）のサステイナビリティ（sustainability：持続可能性）を評価し向上させるために活用すべき手段として，「ライフサイクルアセスメント（life cycle assessment）」と「環境効率評価」，さらに関連する各種指標や分析手法を説明した。このように本書は，サステイナブル工学を学ぶ者が人類の将来を担うリーダーへと成長していくための出発点となるように構想されている。

　著者らの所属する東京工科大学は，1986年の開学以来「実学主義」を教育の柱としてきた。そして2015年，サステイナブル工学を標榜する工学部を新設した。この工学部には機械工学科，電気電子工学科，応用化学科の三つの学科が設置されたが，「サステイナブル工学基礎」，「サステイナブル工学実習」，「サステイナブル工学プロジェクト演習」という全学科共通の講義や演習科目が段階的に組み込まれている。さらに，各学科特有の専門領域においても「サステイナブル・ディベロップメント」を実践するために必要な多くの科目が用意されており，重層的にサステイナブル工学を学べるようカリキュラムが構成されている。

　これらのなかで「サステイナブル工学基礎」は東京工科大学におけるサステイナブル工学教育の出発点と位置付けられ，工学部の学生は全員，与えられた演習課題やワークシートに取り組みながらサステイナブル工学に関する全般的な知識と分析評価手法の要点を習得していく。また，講義の中間と最終の段階では提示された課題についてグループ討議などを行い，知識の理解度を相互に確かめつつ解決策を検討する。そして，各学生が議論を通じて獲得した自身の

知見や考察を個別レポートにまとめ，知識の整理と高度化を図りながらつぎの段階に進めるように工夫されている。

　本書はこの「サステイナブル工学基礎」の授業を念頭に作成したものである。各章末の「理解を深めよう」はその章の内容に対する理解を深め知識の整理に役立つので，特に解答は用意していないが読者はぜひチャレンジしてほしい。

　またコロナ社の web ページ†http://www.coronasha.co.jp/np/isbn/9784339066456 にワークシートを準備したので必要に応じて活用されたい。ワークシートは 2 種類あるが，Worksheet-1 は 6 章終了時点 Worksheet-2 は 9 章終了時点で利用するとよいだろう。東京工科大学ではこれらのワークシートの内容に基づいた課題を与えてグループ討議を実施している。学生たちが持ち寄った解答をたがいに評価し合い，より良い解答を考案するなかで，問題の本質を見極めつつさまざまな解決の可能性を追求する姿勢を習慣づけるのがねらいである。本書がこれからサステイナブル工学を学ぼうとするすべての者にとって有効で実践的な道標になることを祈念してやまない。

　2018 年 2 月吉日

執筆者を代表して　芝池　成人

---

†　本書で紹介する URL は 2018 年 2 月現在のものです。

目　　　　次

1. サステイナブル工学入門

1-1　サステイナブル・ディベロップメント …………………………… 1

1-2　サステイナブル社会 ……………………………………………… 5

1-3　ライフサイクル思考 ……………………………………………… 8

1-4　サステイナブル工学の役割 ……………………………………… 13

📚 理解を深めよう ……………………………………………………… 17

2. 環境問題の現状

2-1　環境問題の全体像 ………………………………………………… 18

2-2　地球温暖化問題 …………………………………………………… 23

2-3　その他の地球環境問題 …………………………………………… 29

📚 理解を深めよう ……………………………………………………… 38

3. エネルギー問題の動向

3-1　エネルギー情勢 …………………………………………………… 39

3-2　日本のエネルギー対策 …………………………………………… 45

3-3　省エネルギー ……………………………………………………… 50

📚 理解を深めよう ……………………………………………………… 56

4. サステイナブル材料

4-1　化学・材料産業の役割とその問題点 …………………………… 57

4-2　サステイナブルな社会づくりに役立つ材料 …………………… 62

4-3	サステイナブルな材料の製造プロセス ………………………………	69
4-4	サステイナブルな製造プロセスのための材料開発 ………………	72
	📚 理解を深めよう ………………………………………………………	73

5. サステイナブル設計・製造

5-1	自動車の開発と製造 ………………………………………………………	74
5-2	自動車と環境問題 …………………………………………………………	76
5-3	環境問題に対する自動車に関する技術開発 …………………………	79
5-4	環境問題に対する自動車製造工場に関する技術開発 ……………	83
5-5	製品の環境配慮設計からサステイナブル工学へ …………………	83
	📚 理解を深めよう ………………………………………………………	86

6. サステナイブル電気電子工学

6-1	サステイナブル電力システム …………………………………………	87
6-2	電 力 の 利 用 ………………………………………………………	101
6-3	サステイナブル社会の実現に向けた電気電子工学 ……………	111
	📚 理解を深めよう ………………………………………………………	112

7. ライフサイクルアセスメント

7-1	LCA の 概 要 ………………………………………………………	113
7-2	LCA の実施方法 …………………………………………………………	118
7-3	調査結果の公開 ……………………………………………………………	126
	📚 理解を深めよう ………………………………………………………	130

8. 製品の環境効率評価

8-1	環境効率の概要 ……………………………………………………………	131
8-2	ファクター X の標準化ガイドライン ………………………………	134
8-3	環境効率の適用 ……………………………………………………………	138

vi　目　次

8-4　環境効率の国際標準規格 ……………………………………………… 140

8-5　サステイナビリティ評価への拡張 …………………………………… 144

📚 理解を深めよう …………………………………………………………… 145

9.　サステイナビリティの評価

9-1　エコロジカルフットプリント ………………………………………… 146

9-2　生活品質関連の評価 …………………………………………………… 149

9-3　社会経済性の評価 ……………………………………………………… 153

9-4　評価手法と指標の総合 ………………………………………………… 157

9-5　planet，people，prosperity の統合評価 …………………………… 158

📚 理解を深めよう …………………………………………………………… 162

10.　サステイナブル工学の展望

10-1　サステイナブル工学と社会との関連 ………………………………… 163

10-2　サステイナブル工学の課題 …………………………………………… 167

10-3　サステイナブル工学の実践 …………………………………………… 169

10-4　サステイナブル社会の構築に向けて ………………………………… 173

📚 理解を深めよう …………………………………………………………… 174

引用・参考文献 ……………………………………………………………… 175

索　　引 ……………………………………………………………………… 181

1. サステイナブル工学入門

　サステイナブル工学の出発点は，現在世界共通の理念と認識されている「サステイナブル・ディベロップメント」である。この理念を具現化するサステイナブル社会（持続可能な社会，あるいは持続的に発展する社会）を実現するための工学がサステイナブル工学であり，すべての工学者が専門領域を越えて等しく追究すべき基盤技術的な位置付けにある。

　本章では，サステイナブル工学の中核をなす重要な考え方として，planet（環境との調和），people（生活の質の向上），prosperity（経済の活性化）という三つの視点と「ライフサイクル思考」を提示する。これらはサステイナブル工学に包摂される技術体系の骨格を構成するとともに，工学者が研究開発を実践する際の行動規範を与える。また，ライフサイクルアセスメントなどの環境影響評価手法に加え，人間の生活品質，社会や経済の状況を同時に考慮するためのさまざまな指標について概要を紹介し，サステイナブル工学の目標とはたすべき役割を明確にしていく。

1-1 サステイナブル・ディベロップメント

〔**1**〕　**サステイナブル・ディベロップメントの経緯**　「サステイナブル・ディベロップメント（sustainable development）」という言葉は 1972 年に出版されたローマ・クラブの報告書『成長の限界』のなかで用いられたのが最初とされている[1],†。一方，1987 年には国際連合「環境と開発に関する世界委員会」の全 12 章からなる最終報告書『我ら共有の未来（Our Common Future）』において，これからの世界が共有すべき重要な理念として「サステイナブル・ディベロップメント」が公式に提唱された[2]。この理念は「将来の世代のニーズを

---

† 　肩付きの番号は巻末の引用・参考文献を示す。

損なうことなく現在の世代のニーズを満たすような開発」を意図し,「環境と開発はたがいに反するのではなく共存し得るものであり,環境保全を考慮した節度ある開発が重要である」との考えを基調とする。なお,本委員会ではノルウェーのブルントラント首相（当時）が委員長を務めたため,「ブルントラント委員会」とも称されている。

ついで1992年には「環境と開発に関する国連会議〔地球サミット (United Nations Conference on Environment and Development：UNCED)〕」がリオ・デ・ジャネイロで開催された。会議では「サステイナブル・ディベロップメント」を統一的な理念とし,環境と開発の両立に向けた国際的な協力を謳った「リオ宣言」が採択された。また,私たちを取り巻く地球環境問題（地球温暖化,オゾン層破壊,酸性化など）に対する具体的な行動計画として「アジェンダ21」が採択された。こうして人類は「サステイナブル・ディベロップメント」のもとに環境問題の克服に向け大きな一歩を踏み出したのである。

2002年にヨハネスブルグで開催された「持続可能な開発に関する世界首脳会議（World Summit on Sustainable Development：WSSD）」では,「サステイナブル・ディベロップメント」には「持続可能な消費と生産」が行動規範として必要であるとの理解が共有された。図 1-1 に示すように,生産者が「持続可能な生産（sustainable production）」において環境を守ると同時に,消費者

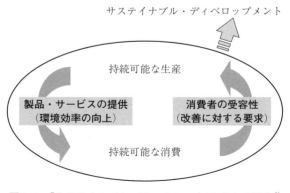

図 1-1 「サステイナブル・ディベロップメント」の概念[3]

による「持続可能な消費（sustainable consumption）」が不可欠である，という概念である[3]。「サステイナブル・ディベロップメント」はこれらの好循環によって達成されるのであり，リオ宣言から20年後の2012年に再びリオデジャネイロで開催された「国連持続可能な開発会議（通称：リオ＋20）」において，この概念は再確認されている。

〔2〕 **日本のサステイナビリティ**　では，私たちが暮らしている日本はサステイナブル（持続可能）なのだろうか。答えは「否」であろう。日本は資源小国であり，江戸時代ならまだしも現代では自給自足など到底望み得ない状況にある。2012年のエネルギーの自給率はわずか6％程度と報告されており，化石燃料はほぼ全量を輸入に頼っている[4]。必要な金属資源についても同様の状態であり，技術立国を推進するにあたっても，日本には工業製品の材料となる金属資源や活動の源泉となるエネルギーが絶対的に不足している。したがって私たちは，海外の資源（エネルギー含む）を輸入して付加価値を生み出しつつその対価によって日々の生計を立てざるを得ない，きわめて脆弱な基盤のうえに存在している国家の一員なのだという認識からスタートしなくてはならない。すなわち，「サステイナブル・ディベロップメント」は世界共通の理念であるとともに私たち固有の課題でもあり，けっして他国の環境破壊の話ではない。

表1-1は，平成27年版の「環境白書」に掲載されている，OECDが発表している幸福度に関する指標「Better Life Index 2014」における日本の順位を示した表である[5]。「Better Life Index」はOECD加盟国などの36か国に対して順位付けがされているが，2014年（平成26年）の順位では日本は20位に甘んじている。表によると，安全性や収入，教育の分野では高評価だが，健康やワークライフバランスの分野で低い評価となっている。また，生活満足度やガバナンス，住宅や環境面でも高評価とはいえず，ほかの先進国と比較した場合，日本の経済面での好成績は生活面を犠牲にした結果であるという印象を受ける。

この表に関する限り，少なくとも先進国の間では，私たちが感じているよりも低く日本は評価されているように見える。しかし，この結果は評価者の理解

4　　1．サステイナブル工学入門

表 1-1　OECD「Better Life Index 2014」における日本の順位[5]

分　野	順　位	指　標	順　位
住　宅	24	**住宅設備**	**31**
		住居費	24
		一人当たり部屋数	20
収　入	**6**	**世帯金融資産**	**3**
		世帯可処分所得	16
雇　用	11	**雇用保障**	**2**
		雇用率	12
		長期失業率	13
		個人収入	18
コミュニティ	21	支援ネットワークの質	20
教　育	**7**	**高等教育修了比率**	**2**
		学生能力	**1**
		教育期間	**31**
環　境	24	大気汚染	24
		水　質	17
ガバナンス	27	意思決定協議度	16
		投票率	**31**
健　康	**30**	**平均寿命**	**2**
		自己申告による健康度	**36**
生活満足度	27	生活満足度	25
安　全	**1**	**暴行事件発生率**	**2**
		殺人事件発生率	**1**
ワークライフバランス	**31**	**長時間労働者割合**	**33**
		自由時間	18

注）　10 位以上を太字＋灰色に，30 位以下は太字にしてある

不足に起因するのではなく，私たちが周囲をより客観的に評価して現状を正しく把握するように努めるべきだという示唆なのではないだろうか。私たちは，劣っている点を従来以上に強く認識しつつ，ただちに「サステイナブル・ディベロップメント」へと舵を切る必要がある。特に工学技術者は，自分たちが生み出す技術や人工物であふれる社会のサステイナビリティ（sustainability, 持続可能性）を確保するために，それらが「サステイナブル・ディベロップメン

1-2　サステイナブル社会　　5

ト」に向けて前進しているのかどうかを多面的に評価する手法を学び研究開発に適用しなければならない。

　現在の日本はサステイナブルであるとはいいにくいが，「学生能力（student skills）」指標では第1位の評価を得ている。すなわち，われわれには世界を「サステイナブル・ディベロップメント」に導くだけのポテンシャルがあり，それはとりもなおさず，自分たちが有する能力を十分に活用して世界に貢献し，輝かしい人類の未来を構築する責務があるということにほかならない。世界中の期待を背負っている国民なのだという自覚が必要である。

1-2　サステイナブル社会

〔1〕　サステイナブル社会の特徴　　「サステイナブル・ディベロップメント」は人類共通の理念として理解されているが，私たちが未来に向けて積極的に実現していくべき社会モデルとして提案されているのがサステイナブル社会（sustainable society，持続的に発展する社会）である。これは，「サステイナブル・ディベロップメント」を具象的に表現するビジョンであり，サステイナビリティを学問としてとらえる際のフレームワークを提供する。例えば，東京大学がリーダーを務めた「サステイナビリティ学連携研究機構」における議論では，「自然・環境（地球システム）」，「産業・経済（社会システム）」，「人間・生活（人間システム）」という三つの要素が調和を保ちながら健全な形で持続的発展を遂げる社会という持続可能性の方向が示されている[6),7)]。

　図1-2に示したように，サステイナブル社会では三つの要素を共存させ総合的な持続可能性の向上をめざす。産業や経済の発展のために貴重な自然を犠牲にしてはならないが，その一方で，あまりにも自然保護だけにとらわれて産業や経済が衰退したり，生活に不便や苦痛が生じたりしないように配慮することもまた重要なのである。そのためには，planetと表す地球システムに対しては「環境との調和」を，peopleと称する人間システムに対しては「生活の質の向上」を，そしてprosperityにて示した社会システムに対しては「経済の活

1. サステイナブル工学入門

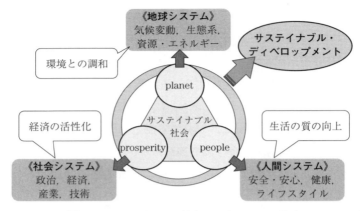

図1-2 サステイナブル社会における三つの「P」

性化」をそれぞれの視点として定め，相互のバランスを科学的に追究する姿勢が必要になるだろう。上記三つの視点は，もともとは企業経営などにおけるサステイナビリティを論じた三つの「P（planet, people, profit）」の profit が2002年の「持続可能な開発に関する世界首脳会議（WSSD）」において prosperity に変更された表現であり，以後，普遍的な三つの「P」として用いられている[8]。

〔2〕 **三つのPと環境効率**　前記した図1-1には，「持続可能な生産と消費」の推進において工業製品などの環境効率の向上が駆動力になると示されている。環境効率とは，人間が経済活動を行えば必ず環境負荷が発生するが，そのときに生み出す経済的価値を同時に考慮し，環境負荷と経済的価値の総合的な評価によって活動の効果を測定しようとする考え方である[9]。これを技術や工業製品の研究開発活動に正しく適用すれば，経済的価値だけではなく個々の生活や社会全般に与える便益や好ましさを製品などが創造する価値とみなして評価できる。この環境効率に関しては8章で詳しく説明する。

そして，planet を製品などが有する環境負荷，prosperity を経済的価値に対応させるのに加えて，people を機能的価値，社会基盤的価値，美的価値などの多様な価値として考慮すると，サステイナブル社会の実現に対するより定量

的，客観的な評価が可能になると期待される。さらには，prosperity と planet の関係が「持続可能な生産」であるなら，people と planet の関係は「持続可能な消費」に対応するという整理も可能であり，三つの P を組み合わせた新たな環境効率は，サステイナブル社会を実現するための評価指標，すなわち，サステイナビリティの向上や改善の度合を測定する有効な尺度になるだろう。

環境に関連する指標と価値に関連する指標とを組み合わせた評価例を**図 1-3**に示す[10]。各指標は9章において詳しく説明するが，図は，1人当たりの「エコロジカルフットプリント」を縦軸に，国連の「不平等調整済み人間開発指数（IHDI）」を横軸に配して，各国が地球環境に与えている影響の大きさとその国の生活水準との関係を示している。なお，各国の人口は点の大きさで相対的に表されている。ここで，当該国が地球規模での「サステイナブル・ディベロッ

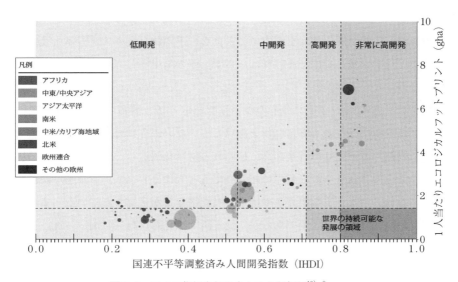

図 1-3 二つの指標を組み合わせた評価例[10], †

〔出典：WWF ジャパン『生きている地球レポート 2014 要約版』より〕

---

† カラーの図は巻末の引用・参考文献に示した URL で確認できる。

8   1. サステイナブル工学入門

プメント」を実現するためには右下の四角枠の部分（1 人当たりの「エコロジ
カルフットプリント」が 1.7 gha 以下，IHDI が 0.71 以上）に位置する必要が
あると仮定した場合，残念ながらこの基準の両方を現時点で達成している国は
ない。本評価例は，厳密には環境効率とは異なる手法ではあるものの，複数の
視点を用いて社会（国や地域）のサステイナビリティを評価しようとしており，
サステイナブル工学の針路を探究するうえで参考とすべき好事例であると考え
られる。

1-3 ライフサイクル思考

〔1〕 **製品のライフサイクル全体の評価**　　あらゆる経済活動（研究，技術
開発，製品製造，輸送，事業経営，消費，廃棄など）は必ず地球環境になんら
かの影響を及ぼす。経済活動を進めるためには環境から資源（エネルギー源，
鉱物資源，自然資源など）を採取するとともに不要物（排ガス，固体・液体廃
棄物など）を環境に排出しなければならず，その結果として環境に負荷を与え
てしまう。

　例えば，スマートフォンは形のない情報を取り扱う装置であり，使用者に
とっては環境にはなにも有害な物を排出していないように見える。しかし実際
には，内部の電子部品や外装部品に使われる材料を製造し，輸送して部品に加
工し，さらにそれらを最終製品に組み立てるときにはすべてエネルギーが消費
されており，さまざまな排ガスや排水，廃棄物などが産出されている。また，
使用する際には電気が必要であるが，発電所では化石燃料（石油，石炭，天然
ガス）が消費され二酸化炭素が大量に排出されている。つまり，私たちの目に
見える部分だけでは，本当の製品の環境への影響は正しく理解したとはいえな
いのである。

　したがって，環境問題の解決には対象となる活動とそれを取り巻く環境との
間でやり取りされる物質の入出力量を細大漏らさず正確に把握しなければなら
ないが，このときに「ライフサイクル思考（life cycle thinking）」が必要にな

る[11]。**図 1-4** に示すように，その製品の製造に必要な資源の採掘から，材料の製造，製品の生産（部品製造や最終製品の組立て），リサイクル（中間処理含む）を経て，最終的な廃棄（焼却や埋立て）に至るまでの製品の一生（ライフサイクル）を包括的に分析し評価する考え方を「ライフサイクル思考」と称している。この「ライフサイクル思考」は環境問題の解決にはもちろんだが，経済活動により生じる多種多様な影響（技術や人工物によりもたらされる機能，インフラ設備や建造物が創造する資産，サービスや役務によって提供される便益など）を定量的に把握し評価する際においても不可欠な論拠である。

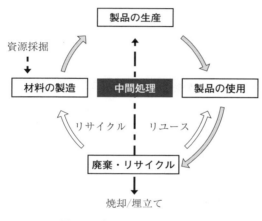

図 1-4 製品のライフサイクル

〔2〕 環境配慮設計

（a） **環境配慮設計の国際規格**　**図 1-5** は IEC（International Electrotechnical Commission, 国際電気標準会議）が「電気・電子製品及びシステムに関する環境標準規格」の一つとして 2009 年に発行した「IEC62430：電気・電子製品の環境配慮設計」に示されたエコデザインプロセスの概要図（JIS C 9910：2011 より）である[12]。この規格は電気・電子製品の設計や開発プロセスに環境側面を統合するための体系的アプローチを規定したものだが，環境配慮設計（エコデザイン）の目標を「製品のライフサイクル全体を考慮し，環境

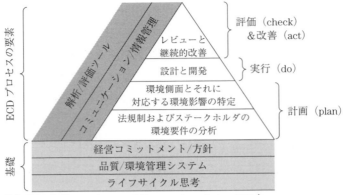

注）ECD とは，environmentally conscious design のこと。

図 1-5 エコデザインプロセスの概要〔JIS C 9901〕[12]

に与える有害な影響を削減する」とし，「製品の環境側面とほかの製品機能，例えば，使用用途，性能，コスト，市場性および品質とのバランスならびに法規制上の要求事項をふまえ，「環境負荷を低減するための最良の方法の選択が含まれる」としている。そして，「環境配慮設計はライフサイクル思考の概念に基づくものであって，製品のすべてのライフサイクル段階を通じて，各段階の環境側面を考慮し，著しい影響をもつと予測される側面について，設計および開発プロセスのなかで検討しなければならない」と定めている。

なお，本国際規格の制定においては日本が主導的立場を務めた。それは，日本の多くの企業が世界に先駆けて取り組んできた「ライフサイクル思考」を根幹とする環境配慮設計のマネジメントプロセスが国際的に評価され，世界標準としてふさわしいと認識されたことを意味している。今後の技術者には，技術開発で課題解決に貢献するとともに，その技術を国際標準として確立し普及させるという使命もある。

この規格では「ライフサイクル思考」のおもな要素としてつぎの三つを挙げている。

① 製品のライフサイクル全体を考慮し，環境に与える有害な影響を最小限にする目標を立てる。

② 製品の著しい環境側面を特定し、定性的に評価し、可能な場合は定量化する。

③ 環境側面とライフサイクル段階双方とのトレードオフを検討する。

そして、「これらは設計や開発プロセスのできるだけ早い段階で実施する」としている。なぜなら、「その段階に製品のライフサイクル全体を通じた環境性能に影響を与える仕様変更や設計改善を行うためのほとんどの機会が存在する」からである。つまり本規格の意図するところによれば、「ライフサイクル思考」とは、すべてのライフサイクル段階において製品の環境影響を低減する方法を検討するにあたり、ビジネスモデル全体に対する配慮を必要とし、製品の市場性や経済性とのバランスを意識した総合的な判断により、機能や性能を向上させる新技術の導入、製品を構成する材料の選択、製造工程の改善、製品使用後のリサイクルや廃棄手段に対する配慮、といった検討を設計の上流で実施する考え方であり、「実際にモノづくりをしないで実施することによってその価値はより大きくなる」との判断が示されている[13]。

（**b**） **家電製品のアセスメントマニュアル**　家電機器の製造事業者などで構成される一般財団法人家電製品協会は家電製品の環境配慮設計を推進するため 1991 年に『家電製品 製品アセスメントマニュアル』を発行し、2014 年には第 5 版を発行した[14]。このマニュアルでは、製品のライフサイクル全般において環境負荷を低減する内容をチェックしその改善度を評価する手法を示している。ここでは環境配慮設計として

① 天然資源の使用量削減

② 再資源利用の可能性向上

③ エネルギー消費の削減

④ 環境負荷物質の使用制限・禁止

⑤ 廃棄物の発生抑制に向けた工夫・配慮

を製品の企画・設計時に組み込むこととしている。

表 1-2 はこの製品アセスメントにおけるガイドライン（チェックリスト）として示された多岐にわたる評価項目とその目的である。特に、1 〜 11 の評

12　　1.　サステイナブル工学入門

表1-2　製品アセスメントガイドラインの評価項目と目的[14]

	評価項目	目　的
1	減量化・減容化	・限りある資源の使用量の削減 ・廃棄物の発生の抑制
2	再生資源・再生部品の使用	・資源の循環利用の促進
3	包装	・包装材の省資源，リサイクルなどの推進 ・包装材の減量化，減容化などによる流通段階での環境負荷低減
4	製造段階における環境負荷低減	・環境負荷物質や廃棄物の削減，省エネルギーなどによる環境負荷低減
5	輸送の容易化	・製品輸送の効率化
6	使用段階における省エネルギー・省資源など	・消費電力などの削減や温室効果ガスの発生抑制 ・消耗材の使用量削減
7	長期使用の促進	・製品の長期間使用による資源の有効利用，廃棄物発生量の削減
8	収集・運搬の容易化	・使用済み製品の収集・運搬の効率化
9	再資源化などの可能性の向上	・使用済み製品の処理の際に再利用しやすい材料を使うことでリサイクルなどを促進
10	手解体・分別処理の容易化	・使用済み製品のリサイクルなどの容易化
11	破砕・選別処理の容易化	・強固な部品や油漏れ，磁石などによる破砕機へのダメージや工程への悪影響の防止 ・破砕後の混合物の選別
12	環境保全性	・法令，業界の自主基準などで決められた環境負荷物質の使用禁止，削減，管理 ・使用段階やリサイクル処理・処分段階での環境保全性の確保
13	安全性	・爆発の危険性や火傷，怪我など，安全性の確保とリスクの削減
14	情報の提供	・必要情報をふさわしい表示方法で提供し，使用・修理・処理を適切に実施
15	LCA（ライフサイクルアセスメント）	・製品のライフサイクルでの環境負荷を定量的に事前評価し，設計段階で改善を図り，環境負荷を低減

価項目はそのまま環境配慮設計につながる具体的な設計要求と考えられるため，この内容に沿ってチェックリストを作成すれば，環境に配慮した製品設計に設計者が容易に取り組める。ただし，チェックリストはあくまでも定性的な

評価であり，より高度で正確な環境配慮設計を実践するには，科学的な根拠（理論）と事実（データ）に基づいた定量的な分析評価およびその適切な解釈が必要になる。

1-4 サステイナブル工学の役割

〔1〕 **サステイナブル社会の実現**　サステイナブル社会を実現するには，自然科学，社会科学，人文科学のあらゆる領域からのアプローチが必要であるが，そのなかで実学として重要な役割を担うのが，「持続可能な生産と消費」に必要な技術や工業製品を創出するサステイナブル工学（sustainable engineering）である[15]。いい換えれば，サステイナブル工学とは，工学技術の研究や開発において三つの「P」を適切に考慮することによってサステイナブル社会を実現する，つまり，「環境との調和」，「生活の質の向上」，「経済の活性化」という三つの目標を同時に達成するための学際的，横断的な実学である。

より具体的には，サステイナブル工学の個別の目標は，planet（地球システム）では，エネルギー（再生可能エネルギーの開発とライフサイクル全体での総エネルギー消費を最小にする仕組みの開発）や資源の問題，自然保護問題の克服であり，people（人間システム）では，安心・安全や利便性，高機能・高品質を提供する技術・製品・サービスの開発と普及による生活基盤と幸福度（満足度）の向上であり，prosperity（社会システム）では，社会の安定と経済の活性化を通じて発展し続けるための社会経済性問題の解決となるであろう。

したがって，サステイナブル工学においては，工業製品の地球システム，人間システム，社会システムへの影響を「ライフサイクル思考」に基づいて分析や評価を行ったうえで，革新的な技術や工業製品の開発につなげていく必要がある。例えば，planet の視点により，限られた資源やエネルギーを最大限有効に活用するために，エネルギー消費を最小限に抑えながらマテリアルリサイクル（二次材料として回収）やサーマルリサイクル（エネルギーとして回収）などの再利用を促進する工学を探究する必要があるだろう。また，people の視

14　　1.　サステイナブル工学入門

点を加え，人々の健康や安全を確保しつつ自然環境を守っていくために，有害な化学物質や廃棄物などを出さない工学技術を開発することも重要なテーマになるだろう。prosperity の視点では，工業製品などが及ぼす経営や産業構造への影響とのかかわりについても留意しなければならないだろう。

　環境配慮設計は製品などが環境に与える負荷の低減をめざすものだが，サステイナブル工学はそれと同時に製品が個人の生活や社会，経済にもたらす価値の増大をもめざしている。環境配慮設計が絶対的な環境負荷の低減に注力するのに対し，サステイナブル工学は相対的な環境効率の向上についても強い要請を内包しているのである。

〔**2**〕　**価値の多様性**　　価値には多様な側面があり，対象となる人の立場によって同じ製品から異なる価値を見出す場合も多く，また価値の評価もそれぞれ違ってくる。まったく同じ性能のパソコンが何種類かある場合，消費者にとってはなるべく安い製品がありがたいのだが，製造者や小売業者には高ければ高いほど，より正しくは利益が大きいほど好ましいであろうし，投資家に対してはまた別の評価基準があるだろう。もちろん，消費者のなかにはデザインやブランドなど価格以外の要素を重視する人も多い。したがって，多様な価値を技術や製品の研究開発に的確に反映するにはなにをどのように評価し改善すればよいのか，この課題への取組みがサステイナブル社会を実現する要であり，サステイナブル工学の機軸となる。

　ここで注意が必要なのは，複数の視点（評価軸）が存在する場合，一般にそれらの間にはトレードオフが生じるという点である。特に，環境問題のような複雑な事象を取り扱う場合には必ずといっていいほど直面する課題である。上記のパソコンの例であれば，対象となる人々の立場によって価値そのものが異なるため，ある人にとっては評価できても，逆にパソコンという工業製品に対する評価は困難になる。これは価値や環境負荷の内部統合化であり，同時に価値と環境負荷の外部統合化でもある。性能と価格の相関はまだ想定しやすいかもしれないが，性能と環境負荷，経済的価値と機能的価値，重量とバッテリー駆動時間のような性能どうしの評価などは困難であろう。サステイナブル工学

では，こうしたトレードオフを含む技術や工業製品の総合評価における解決方法を開発するのも重要な役割になる。

〔3〕 **LCA による技術革新**　「ライフサイクル思考」に基づき，環境から採取した資源の量と環境へ排出した物質の量を定量的に計算して分析や評価を実行する方法がライフサイクルアセスメント（life cycle assessment：LCA）である。LCA を用いれば，たとえ使用段階で省エネルギーになる新製品であっても，その製品を製造するときに使用段階の省エネルギー量を超えるエネルギーが使われている場合，ライフサイクル全体では環境性能は改善されていないという状況が明確になる。そのためには，LCA は可能な限り実際のデータをもとに実施されなければならず，その評価にあたっては，適切な解釈がなされなければならない。そこで，ISO（International Organization for Standardization，国際標準化機構）において LCA に関する国際規格（ISO14040，ISO14044）を制定し，調査の進め方やデータの取り扱い方，結果の解釈の仕方について規定している[16]。

図 1-6 は異なる製品に関して実施した LCA による評価のイメージを示している。対象製品のライフサイクルを「材料・部品の生産」，「製品の組立て・製造」，「輸送」，「使用」という四つの段階に分け，各製品のライフサイクル全体における全消費エネルギーを各ライフサイクル段階の構成比率で表示してい

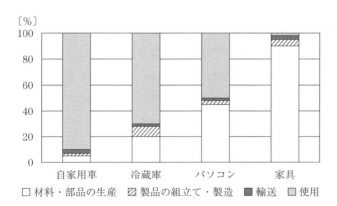

図 1-6　LCA による評価のイメージ

る。図に見られるように，自家用車では圧倒的に「使用」におけるエネルギー消費が大きい。冷蔵庫では少し「材料・部品の生産」に要するエネルギーが顔を出し，パソコンではそれと「使用」のエネルギー消費がほぼ同じである。一方，家具のように使用時にはエネルギーを消費しない製品では「材料・部品の生産」に要するエネルギーがほとんどを占めている。これは一例であるが，相対的にエネルギーを多く消費するライフサイクル段階は製品によって大きく異なることがわかるであろう。

このように，LCA を用いると各製品の環境負荷の様相が具体的かつ鮮明に把握できるため，対象製品の環境性能の改善が効率的に実施可能となる。さらに，設計プロセスの上流で LCA 調査を実施すれば，製品開発全体の時間やコストを低減して総合的な製品価値の向上をもたらすとともに，的確なフィードバックによってつぎなる技術革新にもつなげやすいという特徴が生まれる。

これまでにも述べたように，サステイナブル社会の実現に貢献する技術や製品を創出するのがサステイナブル工学の目的であり，環境負荷はもちろん，経済的な価値やその他の多様な価値の定量化とそれらの統合評価には「ライフサイクル思考」が欠かせない。したがって，数学や図学と同様，「ライフサイクル思考」は工学設計に携わるすべての者にとって普遍の基礎となり，LCA の修得はサステイナブル工学を実践するエンジニアにとって必須のプロセスとなる。LCA 調査の正確な実施方法については 7 章にて詳しく説明する。

〔**4**〕 **工学技術者の心構え**　　以上，サステイナブル工学の概要についてさまざまな視座をふまえて述べてきたが，最も重要なのはそれを推進する人間，すなわち，サステイナブル工学に携わる技術者の強固な意志と不断の努力である点に疑う余地はない。サステイナブル工学とは特定の専門領域を指すのではなく，工学のあらゆる分野を統べる思想であり，共通の行動規範であり，絶対的な評価基準であり，進化の道標である。つまり，すべての工学技術者が等しく学修すべき基盤技術である。個々の専門分野は違うとしても，基礎研究や応用開発の現場において三つの「P」である planet，people，prosperity を同時に考慮し，それらのバランスを良好に保ちながら人類を持続的に発展させると

いう「サステイナブル・ディベロップメント」のたゆまざる追究により，直面している地球規模の課題を解決してサステイナブル社会を実現するのが工学技術者のはたすべき使命であり，将来に向けて本書を学ぶ者の心構えでなくてはならない。

理解を深めよう

1-1 「サステイナブル・ディベロップメント」という概念がなぜ生まれたのか，経緯について調査せよ。

1-2 サステイナブル社会の三つの「P」とはなにか，それぞれ具体例を挙げて説明せよ。

1-3 サステイナブル工学と環境配慮設計との違いはどこにあるのか指摘せよ。

1-4 身近な製品のサステイナビリティについて「ライフサイクル思考」を用いて考察せよ。

2. 環境問題の現状

　サステイナブル工学を実践するにあたっては，planet（環境との調和），people（生活の質の向上），prosperity（経済の活性化）の三つの視点と「ライフサイクル思考」が鍵となる。なかでも地球環境に関する多くの問題は，現在の世界統一理念として認識されている「サステイナブル・ディベロップメント」が提唱される契機となった人類共通の課題であり，その現状についてサステイナビリティ（持続可能性）を考慮しつつ理解する必要がある。

　本章では，「京都議定書」や「パリ協定」といった国際条約に世界中の関心が集まっている地球温暖化問題をはじめ，循環型社会の構築には欠かせない資源問題やリサイクル制度，さらには化学物質の規制などについて国内の状況を中心に紹介し，人間社会が直面する環境問題の現状を俯瞰する。また，資源問題を客観的に取り扱うための物質フロー測定指標について言及し，今後の学修方向を明確にしていく。

2-1　環境問題の全体像

〔1〕　**環境問題とサステイナビリティの関係**　　私たち人間が経済活動を行えば必ず環境に二種類の影響を与える。環境から取り出す資源による影響と環境に排出された物質による影響である。このうち資源については，水や森林，生物多様性といった生存にかかわる問題と，化石燃料や希少金属の枯渇という生産にかかわる問題に分けて考える必要がある[1]。そして，経済活動の実行に際して「サステイナブル・ディベロップメント」の思想が欠如していたために生じた問題であるという理解が重要である。

　アメリカの経済学者であるハーマン・デイリー（Herman Daly）は，環境問題の真の要因を考察するなかで，地球環境がサステイナビリティを保つために

重要となる下記の三つの原則を提唱している[2]。

① 再生可能な資源の持続可能な利用の速度は，その供給源の再生速度を超えてはならない。

② 再生不可能な資源の持続可能な利用速度は，再生可能な資源を持続可能なペースで利用することで代用できる速度を超えてはならない。

③ 汚染物質の持続可能な排出速度は，環境がそうした汚染物質を循環し，吸収し，無害化できる速度を超えてはならない。

この三つの原則はまさに環境問題の本質をとらえ，私たちが今後めざすべきサステイナビリティの重要性を的確に表現している。特に最近では影響を及ぼす範囲も近隣の地域から地球規模へと拡大してしまったため，その対処方法についてもより広い視野と多様な観点での考察が必要になってきている。

ならばその具体的な解決策とは一体どうあるべきなのだろうか。問題が局所的であれば対策はまだ簡明であろう。問題の出所を突き止め，その根本要因を取り除けば収まる可能性が高い。しかしながら，徐々に影響範囲が拡大するにつれて，たとえ原因が解明されその主体が明確になったとしても，その主体に対して適切な対策を施すことが難しくなる傾向にある。地域的あるいは国際的に問題が拡散してしまうと，一般に政治的，経済的，法制的などさまざまな制限が生じて科学的な処置や強制的な措置が取りにくくなるからである。さらに地球規模の問題となると，もはや原因の主体と被害者が重なってしまい，問題の解決にはきわめて困難な様相を呈するため，従来とは異なるアプローチが要求される。

〔2〕 **環境問題に対する世界の動き**　　欧米では早くから地球規模の環境問題に対する国際協力の必要性が議論され，1972 年にストックホルムで「国連人間環境会議」が開催され「人間環境宣言」が採択された。そして，オゾン層破壊の問題に対処するため「オゾン層の保護のためのウィーン条約」が 1985 年に制定され，1987 年にはオゾン層破壊物質の全廃スケジュールなどを設定した「モントリオール議定書」が採択された。

また，地球温暖化の問題に対処するために「IPCC（Intergovernmental Panel

20 2. 環境問題の現状

on Climate Change, 気候変動に関する政府間パネル）」が1988年に設立され，大気中の温室効果ガスの濃度を安定化させることを究極の目標とする「国連気候変動枠組条約（United Nations Framework Convention on Climate Change：UNFCCC）」が1992年に成立している。さらには，この条約の締結国による第3回会合（3rd Session of the UNFCCC Conference of the Parties：COP3）が1997年に京都で開催され，先進国に「温室効果ガス」の排出制限を設けた「京都議定書（Kyoto Protocol）」が採択された。そして，2015年のCOP21にて2020年以降の新たな法的枠組みが合意され，「パリ協定（Paris Agreement）」として2016年11月に発効した。「パリ協定」では，世界のすべての国が温室効果ガスの削減に取り組むことを前提に，産業革命以降の気温上昇を2℃未満に抑えるとともに，21世紀後半の温室効果ガスの排出を「実質ゼロ」にするという目標を掲げている。

一方，生物多様性の問題に関しては，1992年にナイロビで開催された「国連環境計画」の会合で，野生動物の保護を目的とする「ワシントン条約」と水生動物とその生息地の保護を目的とする「ラムサール条約」を補完し，生物多様性の包括的な保全と持続的な利用を推進するための「生物多様性条約」が採択されている。さらに，2000年にモントリオールで開催された特別締約国会議では，遺伝子組換え生物の輸出入などに関する手続きを定めた「カタルヘナ議定書」が採択された。

このように，環境問題は国境を越えてわれわれの認識をはるかに超えた人類共通の課題へと成長してしまったため，大きな国際的枠組みと共通の約束事項が必要になったのである。その歩みは着実ではあるが，はたして要求される速度に達しているのだろうか。人類の行動は，かつてハーマン・デイリーが提唱したサステイナビリティを確保するための三つの原則を満足することができるのだろうか。国際社会の判断力が問われている。

〔**3**〕 **日本における公害の歴史**　日本の環境問題は明治時代の鉱害問題が始まりとされている。足尾銅山（現在の栃木県日光市），別子銅山（同愛媛県新居浜市），日立鉱山（同茨城県日立市）などからのおもに亜硫酸ガスの排出

による人体への被害が起こったのである。その後，第二次世界大戦後の高度経済成長と歩調を合わせるように公害問題が大きくなり，社会への影響もしだいに無視できなくなってきた。なかでも「イタイイタイ病」，「水俣病」，「新潟水俣病」，「四日市ぜんそく」が四大公害病と呼ばれ，大気汚染，水質汚濁，騒音，振動，悪臭，地盤沈下，土壌汚染が典型七公害とされた。

こうした状況に鑑み，1967年に「公害対策基本法」が制定され，局所的な対策が進められた。しかしながら，今度は特定の工場からの排出物などによる被害だけでなく，1970年代以降には光化学スモッグやダイオキシンなどの化学物質の問題が生まれた。これは，経済社会活動全般が人間や自然環境に広域的に影響を与える，従来とは異なるスキームに移行したという意味で非常に大きな転換点でもあった。したがって，日本においても人間の健康だけでなく環境そのものを保全しなければならないという考え方が必要になり，1993年に「環境基本法」，1997年に「環境アセスメント法」が成立したのである。

〔**4**〕 **日本の環境対策**　　現在，日本の環境政策のフレームワークは「環境基本計画」において定められている。環境基本計画は，「環境基本法」に基づき，環境の保全に関する施策の総合的かつ長期的な大綱を定めたものである。これまでに1994年，2000年，2006年と3回策定されており，2017年現在では2012年に全面改正された「第四次環境基本計画」が進行している[3]。この「第四次環境基本計画」では，日本がめざすべき「持続可能な社会」の姿として「低炭素・循環・自然共生の各分野を統合的に達成しながら，その基盤として安全を確保する」と規定している。**図2-1**に各社会の関係，**表2-1**に四つの社会を示すとともに，それぞれ基本計画の本文記述に沿って簡単に説明する。

ちなみに，「第四次環境基本計画」では以下の9点を重要な行動として挙げている。

① **経済・社会のグリーン化とグリーン・イノベーションの推進**：技術革新，新たな価値の創出や社会システムの変革を含むグリーン・イノベーションを推進し，2020年に環境関連新規市場50兆円超，新規雇用140万人創出をめざす。

2. 環境問題の現状

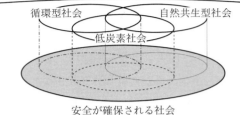

図 2-1 環境基本計画に定める持続可能な社会の構造[3]

表 2-1 持続可能な社会に含まれる四つの社会

社　会	概　要
低炭素社会	地球温暖化の危機から脱却し人間社会の発展と繁栄を確保するには，世界全体の温室効果ガスの排出量を長期的に大幅削減する必要がある。そのために，再生可能エネルギーの導入拡大，省エネルギーの推進，自立・分散型エネルギー供給システムの構築を図る。
循環型社会	資源の浪費による危機から脱却し人間社会の発展と繁栄を確保するために，物質フロー指標により 3R（発生抑制，再使用，再生利用）の取組みを推進し，循環資源の海外への大量輸出についても留意する。
自然共生型社会	生態系の危機から脱却し人間社会の発展と繁栄を確保するため，日本の領土や排他的経済水域などがストックとして有する価値を有効に活用し，森林や里地里山などにおける適切な管理の不足などの問題にも対応していく。
安全が確保される社会	安全の確保は化学物質汚染などによる公害から人の健康・生活を守るという点において環境行政の原点と位置付けられるものであり，「低炭素社会」，「循環型社会」，「自然共生社会」の基盤となる。

② **国際情勢に的確に対応した戦略的取組みの推進**：日本の経験や技術を積極的に提供して途上国の環境負荷低減を支援するとともに，国際社会にとって公平で実効的な枠組み形成や国際協力に戦略的に取り組む。

③ **持続可能な社会を実現するための地域づくり・人づくり，基盤整備の推進**：文化，人材，コミュニティを含む地域資源の活用と育成を進めつつ，主体間の連携強化と環境情報の充実や環境影響評価制度の充実・強化に取り組む。

④ **地球温暖化に関する取組み**：国内では 2050 年までに温室効果ガスの

80％排出削減をめざすエネルギー政策と表裏一体となった温暖化対策を着実に進めながら，公平かつ実効性のある国際枠組みを構築する国際的議論に積極的に貢献する。

⑤ **生物多様性の保全および持続可能な利用に関する取組み**：農林水産業の復興により，生物多様性の回復・維持を図り，本来生態系が有する回復能力（レジリエンス）の強化を通じて国土の自然の質を向上させる。

⑥ **物質循環の確保と循環型社会の構築**：有用な資源の回収・有効活用により資源確保を強化するとともに，環境産業の確立，環境配慮を通じた成長，グリーン・イノベーションの実現をめざし，災害に強い廃棄物処理体制の構築や有害物質の適正な処理など，安全・安心の観点からの取組みを強化する。

⑦ **水環境保全に関する取組み**：国内の水環境保全の取組み強化に加え，水環境保全に関する技術と経験を活かして国際的な水問題の解決に貢献するとともに，日本の水関連産業の国際競争力強化も進める。

⑧ **大気環境保全に関する取組み**：大都市地域における大気汚染や光化学オキシダント，PM2.5，アスベストなどに対する取組みを強化し，騒音，ヒートアイランド現象などの生活環境問題に対する取組みを進める。

⑨ **包括的な化学物質対策の確立と推進のための取組み**：科学的な環境リスク評価による化学物質の製造から廃棄・処理までのライフサイクル全体のリスクを削減し，リスクコミュニケーションを推進する。

以上が日本の環境基本計画のあらましである。九つの行動の ①〜③ には，環境と経済の両立を図りながら，国際情勢を正しく認識し，「持続可能な社会」を実現するために世界に貢献していく，という基本姿勢が明確に提示されている。

2-2　地球温暖化問題

〔**1**〕　**地球温暖化の現状**　　IPCC は 2013 年 9 月，「第 5 次評価報告書第 1

24   2. 環境問題の現状

作業部会報告書」を公表した[4]。この報告書は第4次以来6年ぶりに公表され，この間の新たな研究成果に基づき，地球温暖化に関する自然科学的根拠の最新の知見がまとめられている。

　主要な結論を何点か抜き出すと以下のようになるが，観測事実としての地球温暖化に対する断定と人間の活動をその主たる要因と特定した点は特筆すべきであろう。

① 1880〜2012年において世界の平均地上気温は0.85（0.65〜1.06）℃上昇しており，気候システムの温暖化については疑う余地がない。

② 人間活動が20世紀半ば以降の温暖化のおもな要因であった可能性がきわめて高く，1750年以降のCO_2の大気中濃度の増加が地球のエネルギー収支の不均衡に最も大きく寄与している。

③ 1986〜2005年を基準とした2016〜2035年の世界平均地上気温の変化は0.3〜0.7℃の間となり，2081〜2100年では0.3〜4.8℃の上昇となる可能性が高い。

④ 世界平均地上気温の上昇に伴って，ほとんどの陸上で極端な高温の頻度がほぼ確実に増加し，各地で今世紀末までに極端な降水がより強く，頻繁となる可能性が非常に高い。

〔2〕 **地球温暖化の仕組み**　　図2-2に「温室効果」のメカニズムを示す。大気中には赤外線を吸収し再び放出する温室効果ガスと呼ばれる気体が含まれている。二酸化炭素はこの温室効果ガスの代表であるが，太陽光で暖められた地球表面から宇宙空間に出て行こうとする赤外線の多くはこの温室効果ガスにより熱として蓄積され，再び地球表面に戻される。この結果，地球表面付近の大気が暖められる。これが「温室効果」であり，大気中の温室効果ガスの濃度が増加すると「温室効果」が強まって地球表面の気温が高くなるのである。

　産業革命以後，特に20世紀半ば以降の人間の経済活動による化石燃料の大量使用や森林の減少などにより大気中の温室効果ガスの濃度が急激に増加した。IPCCの第5次評価報告書は，これが地球温暖化の原因であると結論付けたところに大きな意義がある。もはや私たちの経済活動は地球の将来を左右す

2-2 地球温暖化問題

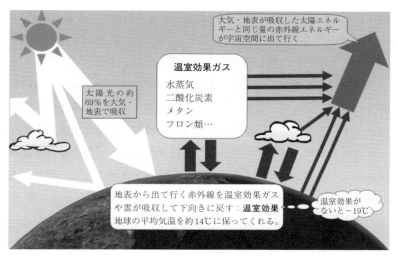

図 2-2 「温室効果」のメカニズム[5]

る域にまで達したのであり，科学技術の進展がこうした環境問題を引き起こしたのであれば，その事象を解明し解決策を見出して実行することもまた科学技術の責任であろう．

〔3〕 **二酸化炭素の削減**　IEA（International Energy Agency：国際エネルギー機関）が2008年に出した予測では，2005年の全世界における二酸化炭素の総排出量は270億トンであったが，このままなにも対策をとらなければ2050年には620億トンに増加し，破滅的な気候への影響が出るだろう，と報告されている[6]．これを防ぐためには温室効果ガスの濃度を安定化させ気温の上昇を2℃以下に抑える必要がある，と多くの科学者が述べており，これを受ける形で，「2050年までに全世界の温室効果ガスの排出量を現在のレベルから半減させ，同時に先進国では80%削減する」という目標がG8において合意された．しかしながら，なにも対策をとらなかった場合に比べて480億トンの二酸化炭素削減が必要という非常に厳しい目標であり，仮に先進国で80%の削減ができたとしても，新興国の現状に鑑みると実現はかなり困難であると考えざるを得ない．

26   2. 環境問題の現状

二酸化炭素排出のほとんどは私たちが使用するエネルギー（おもに熱と電気）を作り出す化石燃料の燃焼が原因である。したがってその排出を抑制するには，まずエネルギーの使用量そのものを少なくする必要がある。そして，エネルギーの生産に化石燃料を使用する場合は二酸化炭素の排出量が比較的少ない天然ガスに変更していくことが肝要である。その一方で，二酸化炭素を排出しないでエネルギーを得られる自然エネルギーの活用を大幅に拡大しなければならない。それでも排出されてしまった二酸化炭素に対しては，植林を進めて二酸化炭素をより多く樹木に固定する，発電所などで排出される二酸化炭素を回収し地中や海底に貯留する CCS（carbon dioxide capture and storage）などの方法で対処する必要があり，個別技術の進展に大きな期待が寄せられている。

さらには，直接的な温暖化対策として，気候システムに大規模な工学的介入を行う手法（ジオエンジニアリング）についても研究が進められている。これは，地球の反射率を増加させて太陽入射光を減らし地球の温度を下げる，二酸化炭素を吸収して地球温暖化の原因を除去する，という二種類に大別される。なかでも注目されているのは「成層圏への反射性エアロゾルの注入（散布）」であるが，1991 年のピナツボ火山の噴火時に生じた事態を参考に，上空大気のエアロゾルで太陽光の反射を強制的に増加させ，地球への入射エネルギーを低下させるという手法である。ジオエンジニアリングは通常の緩和策と比較するとコストが安く，国際間の取り決め事項なども比較的シンプルとされるため短期間での効果が期待できる。ただし，自然界への影響がよく解明されておらず，急激な気候変動への緊急対策として実施される可能性はあり得るものの，緩和策との併用しつつ慎重な対応が必要になるだろう。

〔4〕 京都議定書   1997 年に京都で開催された「気候変動枠組条約第3回締約国会議（COP3）」では，先進国に対し拘束力のある削減目標（2008 ～ 2012 年の 5 年間で 1990 年に比べて日本は－6％，米国は－7％，EU は－8％などに抑制）を明確に規定した「京都議定書」に合意がなされ，世界全体での温室効果ガスの排出削減に向けた大きな一歩を踏み出した。削減対象となる温室効果ガスは，二酸化炭素（CO_2），メタン（CH_4），一酸化二窒素（N_2O），ハ

2-2 地球温暖化問題　　27

イドロフルオロカーボン（HFCs），パーフルオロカーボン（PFCs），六フッ化
硫黄（SF_6）の 6 種類である。ただし，米国が受け入れを拒否し，ロシアもし
ばらく判断を見送っていたため，8 年後の 2005 年 2 月に「京都議定書」はよ
うやく発効された。

　「京都議定書」で排出の削減や抑制の義務を負うのが先進国のみだったのは，
前述の「国連気候変動枠組条約」に「共通だが差異のある責任」という原則が
あるためである。温暖化対策は地球規模の問題であり全世界で取り組む必要が
あるが，温室効果ガスを排出してきた責任の多くは先進国にあるため，その分
責任が重くなるというのがその趣旨である。しかしながら，二酸化炭素の排出
量が現在世界第一位である中国に削減義務がなく，同じく第二位の米国が離脱
した結果，「京都議定書」の採択時は世界全体の約 60％であった排出の削減や
抑制の義務を負う国全体の 2009 年の「エネルギー起源 CO_2（エネルギーの源
となる化石燃料などの燃焼によって排出される二酸化炭素）」の総排出量は
30％以下に低下してしまった。その結果，中国や米国，インドなどを含めたす
べての大量排出国が参加するような枠組みをいかにして構築するのかが最大の
論点とされるようになり，2015 年に「パリ協定」が採択されたのである。

　図 2-3 は日本における「京都議定書」の達成状況を示している[7]。日本は
「地球温暖化対策の推進に関する法律」を制定して国を挙げて対策を展開して
きたが，「京都議定書第一約束期間（2008 ～ 2012 年）」中の 5 年間における温
室効果ガスの総排出量が年平均で 12 億 7 800 万トンであり，基準年度（原則
1990 年）に対して 1.4％の増加となった。これは，2008 年度後半に発生した
リーマンショックによって総排出量が暫時減少したものの，その後に景気が回
復してきたという状況に加え，東日本大震災による原子力発電所の停止に伴う
火力発電の増加が主たる原因である。そこで，森林経営の強化による温室効果
ガス削減量の増大や「京都議定書」において規定された温室効果ガスの削減を
より容易にするための柔軟性措置である「京都メカニズム」で認められたクレ
ジットの購入が実施された。この結果，5 か年平均では 8.4％の削減となり，
基準年比で 6％減という日本の目標が達成された。

2. 環境問題の現状

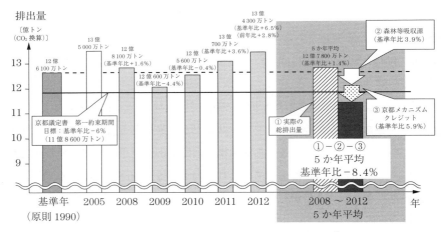

図 2-3　日本における「京都議定書」の達成状況[7]

温室効果ガスの排出状況を部門別に見ると，製造業の生産量低下の影響もあり産業部門の排出量は減少傾向にある。運輸部門は，基準年よりは排出量が増加しているが，2000年以降は輸送効率の改善効果が見られ，排出量が減少する傾向にある。一方で，業務部門や家庭部門では，個々の機器効率は向上したものの，業務拡大や核家族化などの状況変化もあって全体のエネルギー消費量が増加している。また，これらの部門では電力の使用が多くを占めるため，原子力発電所の長期停止に伴う電力排出係数の悪化により二酸化炭素の排出量が増加する傾向にある。

なお，「京都議定書」の第一約束期間中の2010年3月，当時の政府が「地球温暖化対策基本法案」を国会に提出した。この法案は最終的に廃案となったが，「京都議定書」を通じた日本の温暖化対策に関する中長期的な目標が明記されるとともに，政府として取り組むべき重要な具体的施策として

　① 国内排出量取引制度

　② 地球温暖化対策税

　③ 再生可能エネルギー全量固定価格買取制度

の導入が記載されていた。このうち，③は2012年7月に「再生可能エネル

ギーの固定価格買取制度」として，また②は同年10月に「地球温暖化対策のための税」として導入されたが，①の「国内排出量取引制度」は導入されていない。

　排出量取引制度とは，大企業などの温室効果ガスの排出量に上限（キャップ）を設定したうえで排出量の金銭による取引（トレード）を認めて柔軟な義務履行を可能とする制度であり，「キャップ＆トレード」とも呼ばれる。制度の参加者は産業・業務部門を中心とした温室効果ガスの大規模排出者であり，「京都議定書」と同様のキャップが存在するため，日本全体での温室効果ガスの排出量が着実に削減されるという期待があるものの，排出量の管理やトレードの推進に間接的なコストがかかるわりに効果が小さいといった理由などで産業界の反対が強く，2017年現在導入に至っていない。なお，東京都のように本制度の導入に積極的な自治体も見られ，環境省や経済産業省では自主的な取組みが行われている。

　以上，「京都議定書」の目標達成には，大規模工場での継続的な省エネルギー努力，世界に類を見ない「トップランナー制度（3章にて詳述）」による自動車や家庭電気機器の効率向上，二酸化炭素以外の温室効果ガスの排出抑制，森林経営の強化，「クール・ビズ」をはじめとする「チーム・マイナス6%」などの国民全体を巻き込んだ省エネルギー行動，といった随所における積極的な取組みが功を奏したと考えられる。しかしながら，私たちはこの達成を喜んでいるだけではなく，成功事例を世界中に展開して地球規模の課題解決につなげていく必要があり，「京都議定書」の真の意義もそこに存在すると理解するべきである。

2-3　その他の地球環境問題

〔1〕　**地球資源の枯渇**　　人類が現在までに世界全体で採掘した資源の総量（地上資源）と，現時点で確認されている今後採掘可能な鉱山の埋蔵量（地下資源）とを比較すると，すでに金や銀は地下資源よりも地上資源のほうが多く

30   2. 環境問題の現状

なっている。大量に用いられる鉄やアルミニウムにはまだ余裕があるものの，多くの有用な金属資源は枯渇が心配されており，最近では特にレアアースの問題が世界の注目を浴びている。

　レアアースは，永久磁石（希土類磁石），ガラス研磨材・添加剤，触媒，蛍光体などに使用されており，現在の日本の産業界にとって不可欠な金属資源である。しかも，日本が優位にある製品に多く使用されており，その生産状況によっては多大な影響を受ける。レアアースはさまざまな国や地域に存在してはいるが，世界全体の生産量の約97％を中国が占めているため，中国以外のレアアース消費国は大きなリスクを抱えているという認識のもと，日本政府は2030年までに自給率を50％以上とする目標を掲げている。なお，ここでいう自給率とは「国内の金属需要（地金製錬量）に占める，日本企業の権益下にある輸入鉱石から得られる地金量に国内スクラップから得られるリサイクル地金量を加えたもの」である。

　〔2〕　**物質フローによる評価**　　図2-4 は日本の「物質フロー（平成23年度および平成12年度）」を示している[8]。物質フローは経済社会における物質の流れ全体を把握する目的で作成される。図によると，平成23年度（2011年度）には「総物質投入」が15.7億トンだったが，平成12年度（2000年度）の21.4億トンと比較すると5.7億トン減少している。このうち「天然資源など投入（国産か輸入された天然資源と輸入製品とを合わせた量で「直接物質投入量」とも呼ばれる）」は，2000年度の19.3億トンから6億トン減少し13.3億トンとなっているが，おもに土石系資源投入量の減少によるものであり，景気低迷に伴う大規模な公共事業の変動が大きな要因になっていると考えられる。

　また，2011年度は5.1億トンが社会に蓄積（「蓄積純増」）されている一方で，国内で製品に加工して1.8億トンを海外に輸出している。これらは社会に滞留している物質であるが，現時点で私たちの社会にとって必要な物資であると考えられる。むしろ重要なのは「廃棄物などの発生」であり，2011年度では5.6億トンである。このうち2.4億トンが「循環利用」に回されており，「総物質投入量」の15.3％に相当する。これに対し2000年度は，6.0億トン

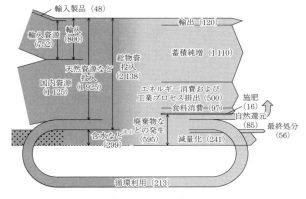

(a) 平成12年度

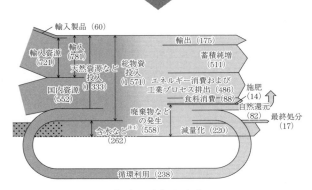

(b) 平成23年度

注1) 含水など:廃棄物などの含水など(汚泥,家畜ふん尿,し尿,廃酸,廃アルカリ)および経済活動に伴う土砂などの随伴投入(鉱業,建設業,上水道業の汚泥および鉱業の鉱さい)
 2) 単位:百万トン

図2-4 日本の「物質フロー」[8]

の廃棄物のうち循環利用されたのが2.1億トンで「総物質投入量」の9.8%にすぎなかったのであるから,国内でのリサイクルの取組みが進展したといってもよいだろう。

政府は,この物質フローから「資源生産性」,「循環利用率」,「最終処分量」

32   2. 環境問題の現状

という3種類の指標を策定し,「第三次循環型社会基本計画」においてそれぞれの数値目標を設定した。「資源生産性」はGDPを「天然資源など投入量」で割った値であり,2000年度の約25万円/トンから平成32年度（2020年度）には46万円/トンにまで向上させるという目標が立てられている。「循環利用率」は「循環利用量」を「循環利用量」と「天然資源など投入量」の和で割った値であるが,2000年度は約10%だったのを17%にまで改善するのが2020年度の目標である。「最終処分量」は廃棄物の埋立て量を示しており,2000年度の約5600万トンから2020年度には1700万トンにまで低減するという目標が設定されている。なお,2011年度における各指標の実績では目標達成に向け順調に推移しているが,これら三つの指標は,物質フローにおける「入口」,「循環」,「出口」と呼び,国内の資源循環状況の把握に役立てられている[8]。

　このように,定量化された数値は問題を客観的にとらえ有効な解決に導く際の測定指標となる。サステイナブル工学では自然科学をはじめ経済学,統計学的なアプローチが優先されるため,上記の指標のように,目標達成状況のモニタリングと,その状況に基づいたつぎの方策立案に向けた検討が欠かせない。

〔**3**〕　**日本のリサイクル制度**　　こうした資源循環に対する取組みは,2000年6月に制定された「資源の有効な利用の促進に関する法律（略称：資源有効利用促進法,あるいは3R法）」に反映されている。この法律では,「3R（reduce, reuse, recycle）」を進めるために,副産物（廃棄物）の発生抑制など（原材料などの使用の合理化による副産物の発生の抑制および副産物の再生資源としての利用の促進）に取り組む「特定省資源業種」や,再生資源または再生部品の利用の促進（リユースまたはリサイクルが容易な製品の設計・製造）に取り組む「指定再利用促進製品」などの七つのスキームにより具体的な対策が進められている。

　図 2-5に示すように,「3R法」を受けて個別の製品群に対してリサイクルを促進するための法律が数多く施行されている。例えば,家庭用エアコン,テレビ,冷蔵庫・冷凍庫,洗濯機・衣類乾燥機の4品目については,製品の容量が大きくリサイクルの必要性が特に高いとの判断に基づき,2001年4月から

2-3 その他の地球環境問題　33

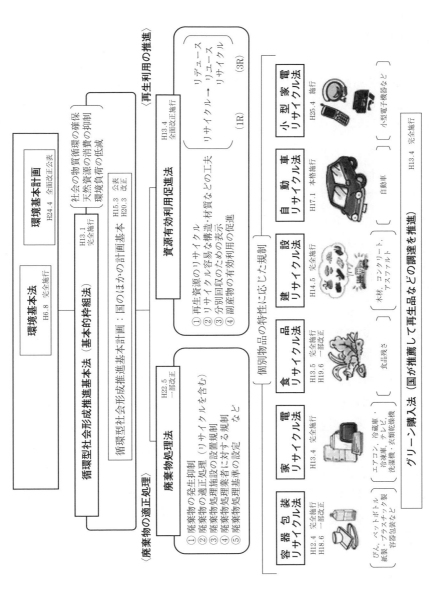

図2-5 循環型社会形成のための法体系[9]

「特定家庭用機器再商品化法（1998年制定，略称：家電リサイクル法）」が施行されている。この法律は製造業者などに対して上記4品目の再商品化を義務付けるものであり，再商品化率（サーマルリカバリーは含まない）は，家庭用エアコン70％以上，ブラウン管テレビ55％以上，液晶・プラズマテレビ50％以上，冷蔵庫・冷凍庫60％以上，洗濯機・衣類乾燥機65％以上と定められている。2012年度の再商品化率は家庭用エアコンが91％，ブラウン管テレビが82％，液晶・プラズマテレビは87％，冷蔵庫・冷凍庫は80％，洗濯機・衣類乾燥機が86％だったと報告されている[8]。

　ここで，日本の「家電リサイクル制度」の特徴の一つに，消費者がそのコストを負担しているという点がある。上記4品目の製品を買い換える際，私たちは古い製品のリサイクル費用とその運送費を「リサイクル券」を購入するという形で負担しなければならない。これは自動車のリサイクルについても同様である。ただし，自動車の場合は基本的に購入時に新車のリサイクル費用として支払うが，家電の場合は廃棄時に古い製品のリサイクル費用として支払うところが異なっている。

〔**4**〕 ***海外のリサイクル制度***　　欧州では，耐用年数の管理や環境配慮設計，ライフサイクルの考慮，生産者責任の拡張などによって環境への影響を軽減するため，「廃電気・電子機器（Waste Electrical and Electronic Equipment：WEEE）指令」が施行されている。これは「生産者責任原則」という「環境に負荷を与える物を製造した者がその処理（回収，リサイクル，再利用）などのコストを負担しなくてはならない」とする欧州独自の考え方に立脚したもので，ほとんどすべての電気電子機器廃棄物が対象になっている。また，後述する化学物質管理とも連携しており，水銀を含む部品，電池，アスベストを含む部品などは分別収集されたWEEE（電気・電子機器廃棄物）から除去されなくてはならない。

　中国では「廃電気・電子製品回収処理条例」が施行されている。これは「中国版WEEE指令」とも呼ばれているが，欧州の「WEEE指令」とは基本的に異なるスキームである。資源の総合利用や循環経済の発展の促進，環境保護，

および国民の健康を保証するために廃電気・電子製品の回収・処理と関連活動を規定した条例とされている。対象品目は日本の「家電リサイクル制度」に類似しているが，中国では，リサイクル業者がWEEEを買い取る点が異なっている。

また，韓国でも「資源の節約と再活用促進に関する法律」により廃電気・電子機器についてリサイクルが行われてきたが，自動車に関するリサイクル制度も同様に整備されている。当初は製造業者から一定の廃棄物処理費用を預かり，廃棄物処理が完了すると返却する「廃棄物預託金制度」を採用していたが，現在は，製造業者に使用済製品の回収・リサイクルの責任を負わせる欧州的な「生産者責任原則」に則った制度を導入している。

〔**5**〕　**化学物質の適正管理**　　化学物質の問題については，1992年の「地球サミット」で採択された「アジェンダ21」において，有害化学物質の適正管理のための行動計画として「予防的取り組み」が示された。さらに，「ヨハネスブルグ・サミット（2002年）」において採択された実施計画では

① 予防的取り組み方法に留意しつつ

② 透明性のある科学的根拠に基づくリスク評価，管理を行い

③ 化学物質の影響を最小化する方法での使用・生産を2020年までに達成する

という内容が目標とされている。

現在の各国の動向としては，欧州では電気・電子機器に対し，鉛，水銀，カドミウム，六価クロム，ポリ臭化ビフェニール（PBB），ポリ臭化ジフェニルエーテル（PBDE）の6物質の使用を原則禁止した「RoHS（Restriction of the use of certain Hazardous Substances）指令」に加えて，「REACH（Registration, Evaluation, Authorization and Restriction of CHemicals）規則」に基づいて高懸念物質や認可対象物質を選定し管理している。米国では，日本の「化審法（後述）」に相当する「TSCA（Toxic Substances Control Act：有害物質規制法）」改正の議論や情報開示などに注力している。中国では「新化学物質環境管理弁法」，「危険化学品安全管理条例」を改正しており，韓国は「韓国版REACH」

36   2. 環 境 問 題 の 現 状

と呼ばれる「化学物質の登録及び評価等に関する法律」を導入している。また，台湾でも新規化学物質の事前審査制度の導入を予定している。

これに対し日本では「化学物質の審査及び製造等の規制に関する法律（化審法）」による現場管理の徹底と「製品含有化学物質管理ガイドライン」などによる情報提供の仕組みが進展している。また「労働安全衛生法」では「MSDS（Material Safety Data Sheet，化学物質等安全データシート）」と呼ばれる化学物質の危険有害性情報を記載した文書を用いて，化学物質や化学物質を含んだ製品に関する情報をサプライチェーンを構成する事業者間でやり取りするよう義務付けられている。

〔6〕　**生物多様性の保護**　「国際自然保護連合（International Union for Conservation of Nature and Natural Resources：IUCN）」では，絶滅危惧種（絶滅のおそれのある種）を選定し，「レッドリスト」として公表している。**図2-6** にその評価状況を示すように，現在知られている約175万種の生物種うち 65 518 種について評価したところ，約30％に相当する 20 219 種が絶滅危惧種とされている[10]。また，2001 ～ 2005 年に国連が実施した「ミレニアム生態系評価」において，100 年間で 100 万種当たり 10 ～ 100 種が絶滅していたとも報告されている[8]。

こうした状況に鑑み，2010 年に名古屋で開催された「生物多様性条約第 10 回締約国会議（COP10）」では，生物多様性の保全，生物多様性の構成要素の持続可能な利用，遺伝資源の利用から生ずる利益の公正かつ衡平な配分，という三つの目的達成に向け，2011 年以降の新たな世界目標となる「生物多様性戦略計画 2011 ～ 2020 及び愛知目標」が採択された。これには，2050 年までの長期目標（vision）として「自然と共生する世界」の実現，2020 年までの短期目標（mission）として「生物多様性の損失を止めるために効果的かつ緊急な行動を実施する」ことが掲げられている。

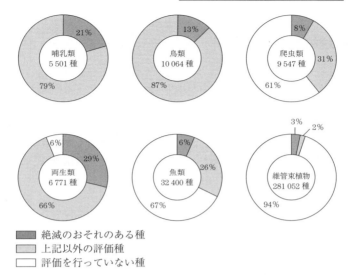

(a) おもな分類群の絶滅危惧種の割合

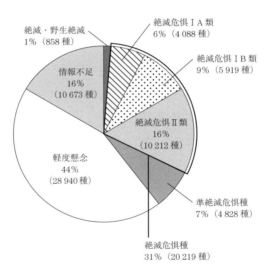

(b) 評価した種の各カテゴリーの割合
(評価総種数：65 518 種)

図 2-6 絶滅危惧種の評価状況[10]

理解を深めよう

2-1 環境問題の要因はどこにあるのか，サステイナビリティとの関連において考察せよ。

2-2 地球温暖化を招いているおもな温室効果ガスの特徴について詳しく調査せよ。

2-3 日本における環境問題の歴史について調査し，わかりやすく説明せよ。

2-4 資源循環型社会の構築に効果が大きい方策はなにか，理由を示しながら論考せよ。

3. エネルギー問題の動向

　環境問題とエネルギー問題はいずれも人類が直面する地球規模の課題である。しかしエネルギー問題においては，その解決の方向性や対処方法が主体によって異なる場合があり，特に資源小国である日本には「エネルギー安全保障」というさらなる難題が存在するため，サステイナブル工学の実践においても多様な視座が必要になる。people で示す生活水準の維持向上や prosperity と表す社会経済の発展には潤沢なエネルギー供給が必須であり，有限資源の確保や環境破壊の回避との両立がサステイナブル社会実現への要請事項である。

　本章では，エネルギー問題をサステイナブル工学として的確に取り扱うため，まずはその特徴を把握したうえで世界と国内のエネルギー情勢を確認する。さらに，世界でもきわめて厳しい環境にある日本のエネルギー対策事例と，その結果として獲得してきた高度な省エネルギー技術を紹介し，今後の研究開発に向けた道筋を提示する。

3-1 エネルギー情勢

　〔1〕　エネルギーの特徴　　表3-1 は私たちがエネルギーと呼んでいる物質をわかりやすく分類して示したものである。エネルギーは大きく一次エネルギーと二次エネルギーとに分けられる。一次エネルギーは自然界に存在する資源であるがそのままでは利用できない場合が多いので，通常は二次エネルギーに変換して利用する。

　エネルギーには，力学的エネルギー，熱エネルギー，電気エネルギー，光エネルギー，化学エネルギー，核エネルギーなどの種類があるが，物理的な形態が異なるだけでおたがいに変換可能である。「エネルギー保存則（熱力学の第一法則）」により形態（種類）が変わってもその総量は変化しないはずだが，

40 　3.　エネルギー問題の動向

表 3-1　エネルギー（物質）の分類

		液体	石油
一次エネルギー	化石エネルギー	個体	石炭
		気体	天然ガス，LP ガス
	非化石エネルギー	原子力	ウラン
		再生可能エネルギー	太陽光，風力，水力，バイオマス，地熱，波力
		その他	水素，太陽熱，廃棄物，未利用エネルギー
二次エネルギー	電　力	グリッド電力，自家発電，電池	
	ガ　ス	都市ガス，CNG	
	熱	蒸気，集中熱供給	
	石油製品	ガソリン，軽油，灯油，ジェット燃料，重油，LPG，石油系ガス	

実際には変換効率という概念が存在する。ほかの形態に変換する場合の変換効率は入力と出力を同一のエネルギー単位に換算して求める。火力発電であれば，化石エネルギー（燃料）などの保有発熱量を入力，発電された電力量を出力とし，双方を J（ジュール）に換算すれば変換効率が得られる。変換効率が 1 に満たない場合，電気エネルギーに変換されなかった化石エネルギーは未使用のまま捨てられたことになるが，実社会で変換係数が 1 になるケースはまずないと考えてよい。

〔**2**〕　**世界のエネルギー消費**　　**図 3-1** に示すように，世界のエネルギー消費量はオイルショックやリーマンショックなどの例外はあるものの増加傾向にある。2011 年時点では一次エネルギーの 80％以上は化石エネルギー（石炭，石油，天然ガス）であり，最もシェアが大きい石油の消費量は全体の 32％を占めている。私たちはつねに化石エネルギー，なかでも石油に依存し続けている。なお，原油換算による世界の一次エネルギーの消費量は，2012 年には 125 億トンに達している[1]。

　国別にエネルギー消費の伸び率を比べてみると，一般に先進国（OECD 諸国）は新興国（非 OECD 諸国）より低い。先進国の経済成長率や人口増加率が新

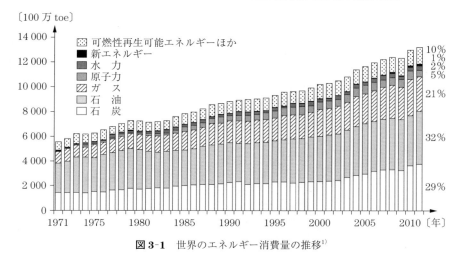

図 3-1 世界のエネルギー消費量の推移[1]

興国より低いことがおもな原因であるが，これに加え，産業構造の変化やエネルギー消費機器の効率改善による省エネルギーの進展といった状況が考えられる．

新興国のエネルギー消費は拡大の一途をたどっているが，特に，経済成長の著しいアジア大洋州地域における増加が顕著である．結果として，世界のエネルギー消費に占める OECD 諸国のエネルギー消費の割合は，1965 年には 70％を占めていたが 2012 年には 44％になり 26 ポイントも低下している[1]．

〔3〕 **化石燃料の現状** 図 3-2 に示すように，世界の原油確認埋蔵量は 2012 年末時点で約 1 兆 6 700 億バレルであり，2012 年の原油生産量で除して可採年数を計算すると約 53 年になる[1]．従来 40 年程度で石油は枯渇するといわれてきたが，近年ではベネズエラやカナダにおける確認埋蔵量の拡大の影響により可採年数の増加傾向が見られる．ただし，このままの状態であれば 50 年程度で石油が枯渇する状況に変わりはなく，危機が回避されたわけではない．石油の供給は各国の産業の基盤である．現在も世界のエネルギー消費量の 30％以上を占める石油の確保は世界全体の経済にとって最も重要な事項の一つである．

3. エネルギー問題の動向

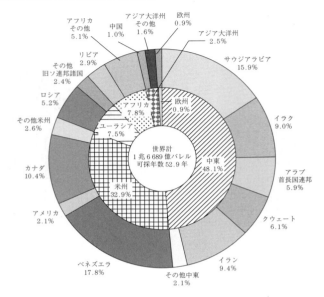

図 3-2 世界の原油確認埋蔵量（2012 年末）[1]

　同図によると，2012 年末時点で世界最大の埋蔵量が確認されている国はベネズエラで，そのシェアは世界全体の約 18％（確認埋蔵量約 3 000 億バレル）である。以下，シェア約 16％のサウジアラビアが続き，カナダ，イラン，イラク，クウェート，アラブ首長国連邦の順で続いているが，世界の約半分は中東諸国が占めている。世界の一日の石油生産量は，1972 年（5 362 万バレル）から 2012 年（8 615 万バレル）の 40 年間で約 1.6 倍に増加しているが，枯渇の問題に加え，原油価格の変動による世界経済への影響やその他の観点からも石油依存体質からの早期脱却が望まれるところである。

　一方，世界の石炭の可採埋蔵量は 2008 年末の時点で約 8 700 億トンであり，第 1 位の米国（シェア約 28％），2 位ロシア（同 18％），3 位中国（同 13％）に多く埋蔵されている。石炭は石油に比較すると地域的な偏りが少なく，可採年数は 109 年（BP 統計 2013 年版）で石油の約 2 倍である。2012 年の輸出入の見込みでは，世界の輸出量の約 31％がインドネシア，ついでオーストラリア約 24％，ロシア約 11％となっており，これに米国，コロンビア，南アフリ

カを加えた上位6か国で世界の石炭輸出量の約86%になる。また，輸入量は中国が最大で2012年は2億8880万トン，ついで日本が1億8380万トンであり，以下，インド，韓国，台湾と続いている[1]。

天然ガスは燃焼時のCO_2排出量が石油や石炭に比べて少なく，化石燃料のなかでは環境への影響を比較的低く抑えられるエネルギーである。一次エネルギーの総供給量に占める天然ガスの割合は米国が約26%，欧州のOECD加盟国は約24%，日本は約22%とほぼ同じであるが，その用途にはかなりの違いがある。日本では全体の約68%が発電用であり，産業用が約8%，民生用およびその他で約24%である。一方，発電用の割合は米国で約33%，欧州のOECD加盟国では約34%と日本よりも低く，その分民生用や産業用としての利用割合が高い。その理由としては，日本では天然ガスをLNGとして輸入するため価格が割高であり，またLNG基地の立地とパイプラインの建設上の制約もあって，需要が分散する民生用や産業用における天然ガス利用が進みにくいという国情が指摘されている[1]。

〔4〕 **再生可能エネルギーの現状**　化石燃料などの有限な地下資源に対し，私たちの時間の尺度において無限といえる自然現象から取り出すエネルギーを「再生可能エネルギー」と呼ぶ。**図3-3**に見られるように，全世界では2007年以降の新規発電設備分に占める再生可能電力の割合が急速に伸びており，2010年には発電容量ベースで約34%，発電量ベースで約30%に達している。ただし，総発電量に占める「再生可能エネルギー」の割合では依然として発電容量ベースで約5%，発電量ベースでは約8%にとどまっているのが現状である[2]。

上記の数字には大型ダムによる水力発電は含まれていないが，世界の水力発電設備は2010年時点で約10億kW，総発電設備の約2割を占めている。水力による発電設備が多い国は，中国，米国，カナダ，日本などであるが，国内の総発電設備に対する割合はノルウェーが最も高く，発電設備容量の95.5%（2009年）に達している[1]。先進国の大型水力発電は一般に伸び悩んでいるが，中国では水力発電の設備容量が年々拡大している。なかでも，2009年2月に

3. エネルギー問題の動向

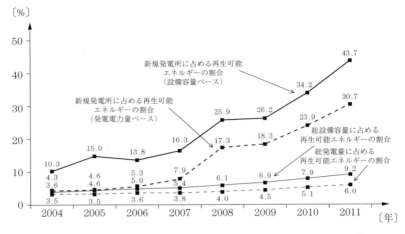

図 3-3 世界の新規発電所に占める「再生可能エネルギー」の割合[2]

完成した世界最大規模の三峡ダムは 18 GW を超える巨大な発電所である。一方で，大型水力発電は周辺の環境に与える影響が無視できないため，「再生可能エネルギー」として認めるべきか否かという議論も国際的に続けられている。

再生可能エネルギーとして期待の大きい太陽光発電は，2012 年の時点で，世界全体（IEA 諸国）では約 8 900 万 kW が導入されている。2004 年までは日本が世界最大の導入国だったが，2005 年に従来の補助金制度が中断したのに比べ，ドイツやスペインで「固定価格買取制度」が実施されて両国での導入量が急速に拡大し，順位が逆転した。しかし，本制度における買取費用は最終的に消費者に転嫁され，2013 年のドイツの平均家庭における負担額は月額約 2 400 円と報告されており，負担額の増大を懸念する声も多いという[1]。

風力発電は近年急速に増加しており，世界の発電容量は 2012 年時点で約 2 億 8 000 万 kW に達している。最も導入量が多いのは世界の約 27% を占める中国であり，ついで米国が約 21% となっている[1]。また，欧州などを中心に洋上風力発電への期待が高まってきているが，課題はコスト，信頼性向上のための技術，そして社会的な受容性である。

地熱発電は 2012 年時点で 1 000 万 kW 以上が全世界に導入されている。設

備容量が最も大きいのは米国で世界の約30％を占める。ついでフィリピンが多く，2011年の国内発電設備総量の15％近くにまで達している。なお，アイスランドやグアテマラでは地熱発電の割合が20％以上となっているが，欧州では地熱を利用できる地域が少なくイタリアやポルトガルなどに限られている[1]。また，日本ではおもに経済的な理由から1995年以降は導入が伸び悩んでいる状況にある。

3-2 日本のエネルギー対策

〔1〕 **エネルギー需給に関する基本的な政策**　日本では，「エネルギー政策基本法」により，エネルギーの需給施策に関する基本方針として「安定供給の確保」，「環境への適合」およびこれらを十分に考慮したうえでの「市場原理の活用」の3項目を定めている。また，このエネルギー政策基本法には，事業者の責務として

① エネルギーの効率的な利用

② エネルギーの安定的な供給

③ 地域，地球の環境保全に配慮したエネルギーの利用

④ 国，地方公共団体のエネルギー需給施策への協力

が規定されており，環境と経済の両立をめざす日本政府の姿勢が強く示されている。

「エネルギー基本計画」は，エネルギー政策の基本的な方向性を示すため，エネルギー政策基本法に基づき政府が策定する。2003年に策定された後，2007年，2010年と2回改定され，東日本大震災後の状況に鑑みて新たな見直しを行った第三次改定が2014年4月に閣議決定された[3]。この「第四次エネルギー基本計画」によれば，日本のエネルギー需給構造が抱える課題は

① 原発の安全性に対する懸念および行政・事業者に対する信頼の低下

② 化石燃料依存の増大（輸入の増加）による国富の流出拡大，中東依存の拡大，電気料金の上昇，我が国の温室効果ガス排出量の急増

46 　　3．エネルギー問題の動向

③北米エネルギー供給の自立化とエネルギーコストの国際間格差の拡大
である。特に，エネルギー自給率の向上が強く望まれており，多くの法律が施
行されている。

例えば「エネルギー供給構造高度化法」は，電気やガス，石油事業者といっ
たエネルギー供給事業者に対して，「非化石エネルギー源の利用を拡大すると
ともに化石エネルギー原料の有効利用を促進するための措置」を講じるための
法律であり，2009年に成立した。電力会社に対して太陽光発電設備で生じた
余剰電力の買取りを義務付ける，石油事業者やガス事業者にバイオ燃料および
バイオガスの利用を義務付ける，といった内容である。

また，2003年に施行された「電気事業者による新エネルギーなどの利用に
関する特別措置法」は，「RPS（renewable portfolio standard）法」と略称され
ており，自然エネルギーの普及促進を目的として，電気事業者に「新エネル
ギー（対象：風力，太陽光，地熱，中小水力，バイオマス）」で供給される電
気を一定割合以上利用するよう義務付けている。

〔2〕　**国内のエネルギー供給**　図3-4は国内での一次エネルギー供給量
の推移を示している。2012年度の石油の割合は44.3％であり，1973年度の
75.5％からは大幅に減少している。石炭は16.9％から23.4％に，天然ガスは
ほぼゼロの状態から24.5％にまで増加している。国内に供給された一次エネ
ルギーが最終消費者に利用可能な二次エネルギーとして供給されるまでには，
例えば電力であれば発電ロス，輸送中のロス，さらには発電・転換部門での自
家消費などが発生するため，消費者に供給されるエネルギー量（政府の統計で
は「最終エネルギー消費」と呼んでいる）はその分減少してしまう。2012年
度の総合エネルギー統計によると，日本の一次エネルギーの国内供給を100と
した場合の「最終エネルギー消費」は69程度であり，30％以上が捨てられて
いる状態にあった[1]。

石油は，石油精製の過程を経てガソリンや軽油などの輸送用燃料，灯油や重
油などの石油製品，石油化学原料用のナフサなどとしておもに消費される。石
炭は，電力への転換と製鉄に必要なコークス用原料炭への使用が大半である。

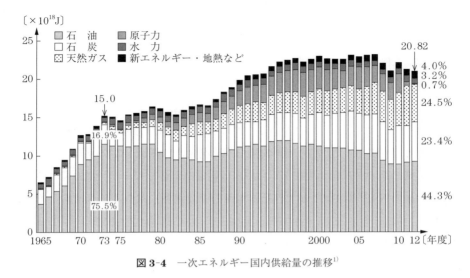

図3-4 一次エネルギー国内供給量の推移[1]

天然ガスは、電力への転換はもとより、都市ガスへの転換も多い。このように化石燃料は用途も多様だが、原子力や再生可能エネルギーなどのいわゆる「新エネルギー」は、そのほとんどが電力に転換されて消費される。電力の供給だけであればいずれ化石燃料を必要としない社会が実現できるかもしれないが、その他の需要がある限り私たちの化石燃料への依存は続くだろう。

〔3〕 **国内の再生可能エネルギー** 太陽電池の国内出荷量は、住宅用太陽光発電設備に対する補助制度が一時打ち切られた2005年をピークに伸び悩んでいたが、「余剰電力買取制度」などの再導入に伴い、2009年度より増加に転じた。さらに、2012年7月に開始された「再生可能エネルギーの固定価格買取制度」により急拡大し、2012年末の累積で663.2万kWに達している。しかし、この制度では電力会社が買取費用を電力料金に上乗せする方式を採用しているため、ドイツと同様の課題が表面化する懸念がある。一方、日本企業の太陽電池の生産量は着実に増加しているものの、世界の太陽電池生産量に占める割合は低下しており、2007年には約25%だったのが2012年には約6%と報告されている[1]。

これに対し，風力発電の 2012 年度末時点での導入量は 1 913 基，出力約 264 万 kW（新エネルギー・産業技術総合開発機構調べ，設備容量 10 kW 以上の施設で稼働中のもの）である。地域別では，風況に恵まれた東北地方への設置割合が大きくなっている。日本の風力発電導入量は 2013 年末時点で世界第 18 位であるが，この状況は，諸外国に比べて平地が少なく地形が複雑，電力会社の系統に余力がない場合があるなどの理由から風力発電の設置が進みにくいためとされている[1]。出力の不安定な風力発電や太陽光発電の大規模導入が電力系統に及ぼす影響を緩和するためには蓄電池が必須であり，風力発電の普及は今後の NAS 電池などの大容量蓄電池の開発進展に大きく依存すると考えられる。

〔4〕 **国内のエネルギー消費**　1973 年度以降の国内における「最終エネルギー消費」は，図 3-5 に見られるように，産業部門がほぼ横ばい（2012 年度は 1973 年度の約 0.8 倍）で推移する一方で，家庭部門（同 2.1 倍），業務部門（同 2.8 倍），運輸部門（同 1.8 倍）はほぼ倍増しているため，産業・民生（家庭，業務）・運輸の各部門のシェアはオイルショック当時の 1973 年度はそれぞれ 65.5％，18.1％，16.4％だったのが 2012 年度には 42.6％，34.3％，23.1％へと大きくさま変わりした。全体では約 1.3 倍に増加したが，

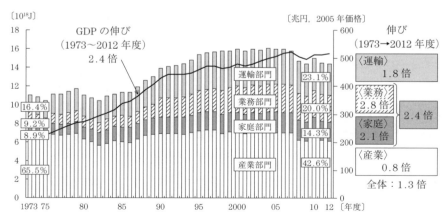

図 3-5　国内における「最終エネルギー消費」と実質 GDP の推移[1]

3-2 日本のエネルギー対策 49

1973年度から2012年度の間のGDP（Gross Domestic Product：国内総生産）の伸びは約2.4倍だったので，日本全体としての実質的な生産効率は85％も向上したことになる。日本は米国，中国に次ぐ世界第3位の経済大国であるが，GDP当たりの一次エネルギー総供給量（「最終エネルギー消費」にロス分を加えた量）は中国やインドの約6分の1であり，省エネルギーが進んだ欧州の主要国と同程度と報告されている[1]。

京都議定書の基準年である1990年度以降に注目すると，2008年度から2009年度のリーマンショックに伴う景気悪化によって製造業・鉱業の生産量が低下し，産業部門のエネルギー消費が減少した。また，東日本大震災以降の節電意識の高揚や更なる技術の進展などによって，各部門においてエネルギー消費の増加には歯止めがかかった状態にあり，2012年度の「最終エネルギー消費」は1990年度比で3.3％の増加にとどまっている。

資源エネルギー庁の統計によると，2012年度（平成24年度）の日本全体の「最終エネルギー消費」は14 347 PJ（原油換算370百万kL）であった[4]。部門別には，産業部門が対前年度比1.6％減の6 113PJ（同158百万kL），民生部門が0.4％減の4 917PJ（同127百万kL），運輸部門が1.9％減の3 317PJ（原油換算86百万kL）となり，1990年度と比較すると産業部門は12.6％の減少，民生部門は33.7％の増加，運輸部門は3.1％の増加であった。東日本大震災前の2010年度との比較では，2012年度の「最終エネルギー消費」は4.2％減少している。エネルギー源別では，電力8.0％減，石油4.1％減，石炭2.1％減となったが，都市ガスは1.7％の増加であった。

なお，2015年以降は各部門の分類方法が変更され，民生部門のなかから業務関連が産業部門に移された形で整理されている。いまや第三次産業がGDPの4分の3程度を占める日本の産業構造の変化に対応した措置だと考えられるが，図3-5のグラフや統計をその方式で見直すと産業部門全体ではほぼ横ばいとなり，家庭部門の伸びが最も大きくなる。特に1990年との比較では際立つ結果となり，今後の家庭部門におけるさらなる対策強化が望まれる。

50   3. エネルギー問題の動向

3-3 省エネルギー

〔**1**〕 **有効エネルギー**　　熱力学の第一法則「エネルギー保存則」によれば，エネルギーの形態が変わっても全体のエネルギー量は増減しないはずである。しかし，現実には火力発電ばかりに頼っていれば化石燃料は枯渇し，運動エネルギーは摩擦によって消滅し，高温流体から低温流体に熱が移動して温度差がなくなればもはや仕事はできない。つまり，私たちにとってのエネルギーは非保存則に支配されていると考えるべきであり，この使えばなくなってしまうエネルギーを表す概念をエクセルギーあるいは有効エネルギーという。エクセルギーはある系が周囲と平衡状態に達するまでに取り出せる最大の仕事量（エネルギー）に相当する。すなわち，省エネルギーとは省エクセルギーを意味している。

〔**2**〕 **省エネルギー法**　　日本は早くから省エネルギーや省資源に国を挙げて取り組んできた。なかでも「エネルギーの使用の合理化に関する法律（略称：省エネルギー法）」は，2度のオイルショックを契機として，「内外のエネルギーをめぐる経済的社会的環境に応じた燃料資源の有効な利用の確保」，「工場・事業場，輸送，建築物，機械器具についてのエネルギーの使用の合理化を総合的に進めるための必要な措置を講ずる」などの目的で1979年に制定された。なお，ここでいうエネルギーには，廃棄物から回収されたエネルギーや非化石エネルギーは含まれない。

「省エネルギー法」はこれまでに何度か改正されているが，現在では，事業者単位（企業単位）によるエネルギー管理について規定しており，事業者全体（本社，工場，支店，営業所，店舗など）の1年度間のエネルギー使用量が合計して1 500 kL（原油換算）以上であれば，そのエネルギー使用量を事業者単位で国へ届け出て「特定事業者」の指定を受けなければならない[5]。このとき，拠点単位ではなく，小工場がたくさんある製造業や多数の小店舗を抱えるフランチャイズチェーンのような業態であっても，事業者単位でエネルギー使用量

が1500 kLを超えると対象事業者になり「特定連鎖化事業者」の指定を受ける必要がある。

「特定事業者」や「特定連鎖化事業者」には「エネルギー管理統括者」の選任などが義務付けられ，各種の省エネルギー措置を実践するとともに定期報告書の作成，提出が課せられる。この内容を**表3-2**に示す。なお，単独の工場などでエネルギーの使用量が年間1500 kL以上となる場合は，エネルギーの使用の合理化（省エネルギー）を個別に推進する必要があると判断され，「エネルギー管理指定工場等」に指定される。この場合は，エネルギーの使用量とその状況，エネルギーを消費する設備，設備の設置および改廃の状況などに関する定期報告書の作成，提出が個別に必要になる。

表3-2 「省エネルギー法」が定める事業者の区分，義務，目標[5]

年度間エネルギー使用量 （原油換算値 kL）		1500 kL/年度以上	1500 kL/年度 未満
事業者の区分		特定事業者または特定連鎖化事業者	-
事業者の業務	選任すべき者	エネルギー管理統括者および エネルギー管理企画推進者	
	取り組むべき事項	判断基準に定めた措置の実践 （管理標準の設定，省エネルギー措置の実施など）	
		指針に定めた措置の実践（燃料転換，移動時間の変更など）	
事業者の目標		中長期的にみて年平均1%以上のエネルギー消費原単位 または電気需要平準化評価原単位の低減	
行政によるチェック		指導・助言，報告徴収・立入検査， 合理化計画の作成指示への対応 （指示に従わない場合，公表・命令）など	-

〔3〕 **工場における省エネルギー**　　コージェネレーションシステム（略称：コージェネ）は工場などに設置した熱源で発電機を駆動し，生産した電気と熱を同時に需要地に供給するシステムの総称であり熱電併給（海外ではcombined heat & powerともいう）などとも呼ばれている。**図3-6**に示すよう

52　　3. エネルギー問題の動向

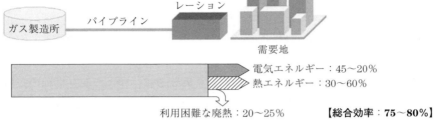

(a) コージェネレーション

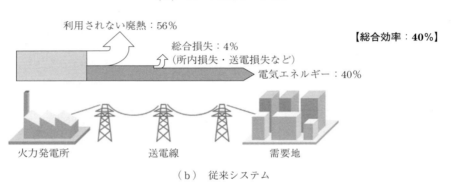

(b) 従来システム

図 3-6　「コージェネレーションシステム」のエネルギー効率（LHV 基準）[6]

に，コージェネの導入により，従来利用されていなかった廃熱を活用でき，また送電時のロスも少なくなるためエネルギー利用の総合効率が高くなる。しかしながら，これは生産した熱と電気をすべて消費できた場合である。つまり，消費量が大きくて熱も電気も余らない状態で，季節や天候に関係なく消費されるような工場などでは効果が大きいが，一般家庭への導入はなかなか難しいという現実もある。もちろん，需要に対して十分に小さい供給量であればよいが，その場合はコージェネの導入自体に疑問が生じるであろう。

一方，コージェネのような大規模な装置の導入ではないが，工場では以下に示すような対策が広く進められており，産業部門全体の省エネルギーの進展に少なからず貢献している。こうした省エネルギー措置は「省エネルギー法」に基づいて定められた「工場等におけるエネルギーの使用の合理化に関する事業

3-3 省エネルギー   53

者の判断の基準（略称：判断基準）」に沿った形で進められる場合が多い。特に，熱利用装置では燃焼系の空気比調整と熱ロスの低減，電気利用装置ではインバータ化と負荷の適正化などが各装置に共通して実施される重要な省エネルギー対策事例となっている（**表3-3**）。

表3-3 各装置の省エネルギー対策例

熱利用装置	燃焼設備	燃焼負荷に見合った空気比の調整，バーナーチップの手入れなど
	ボイラー	蒸発管の伝熱，配管の断熱，蒸気ドレンの回収など
	蒸気タービン	蒸気量の調整，タービン翼の経年劣化防止など
	工業炉	急速加熱の回避，炉壁の蓄熱量低減，加熱空間の低減など
電気利用装置	変圧器	各損失の低減，負荷率の調整など
	電動機	鉄損や銅損の低減，負荷・回転速度の調整，インバータの導入など
	機械装置（クレーン，コンベヤなど）	機械損失や熱損失の低減など
	流体装置（ポンプ，送風機，圧縮機など）	性能適正化，管路損失低減など
	電気加熱，電気化学設備	高電力化（時間短縮），電圧・電流効率の向上など
	照明設備	電子式安定器の導入，インバータ式照明・LEDへの交換など

〔4〕　**家庭のエネルギー消費**　**図3-7**は家庭におけるエネルギー消費の推移を示している[1]。2012年度の世帯当たり消費量は1965年度の約2.1倍，1973年度の約1.2倍に増加している。また，世帯数が1973年度の約1.7倍になっており，全体として家庭部門におけるエネルギーの消費量は増加傾向にある。家庭におけるエネルギーの消費は，冷房，暖房，給湯，厨房，動力・照明ほか（家電機器の使用など）の5用途に分類することができる。1965年度の用途別シェアは，給湯（33.8%），暖房（30.7%），動力・照明ほか（19.0%），厨房（16.0%），冷房（0.5%）の順だったが，近年は動力・照明ほか用のシェアが増加している。また，エアコンの普及などにより冷房用が増加し，相対的

54   3. エネルギー問題の動向

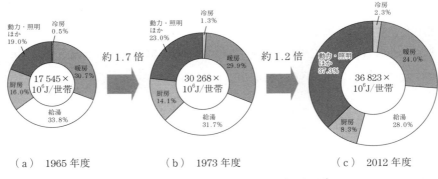

図 3-7　家庭におけるエネルギー消費の推移[1]

に暖房用，厨房用，給湯用が減少した。この結果，2012 年度は動力・照明ほか（37.3%），給湯（28.0%），暖房（24.0%），厨房（8.3%），冷房（2.3%）の順となった。

　こうした増加の原因として家電機器の普及や大型化，多様化が指摘されているが，個別の製品を調査すると各機器の省エネルギー性能は格段に進歩しており，必ずしも製品の個数や大きさだけで説明するのは正しくないであろう。people（生活の質の向上）という視点に立てば，新たな家電製品の登場や各製品の機能向上は私たちの生活に価値を生み出していることになり，サステイナブル工学としてはその価値の大きさとエネルギー消費の対比において論じるべきである。また，核家族化や単身赴任家庭の増加といった社会現象が顕著であり，人口が横ばいであるにもかかわらず日本の世帯数は増加している。こうした背景にも留意して適切な省エネルギー対策を講じなければならない。

〔5〕　トップランナー制度　　日本では，1998 年の「省エネルギー法」の改正に伴い，図 3-8 に示すように，自動車や家電などを対象とする「トップランナー制度」が導入されている。この制度では，製品に適用されるエネルギー基準が，市場にある最も効率の良い製品と同等かそれより高い性能に設定されるという点に大きな特徴がある。また，製品の開発期間，設備投資期間，将来の技術進展の見通しなどを勘案して目標年度が 4 ～ 8 年後に設定される。

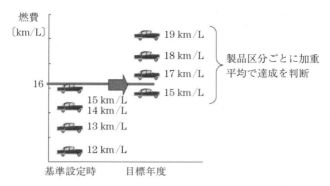

図 3-8 「トップランナー制度」における方式の例[7]

そして，対象となる機器区分ごとに，定められた区分において目標年度時点における性能が加重平均され，製造事業者に対して基準達成がそのつど判定される。2013年5月現在，**表 3-4** に示した26機器が「特定機器（対象となる機器）」に指定されているが，この数は現在も増え続けている。

表 3-4 特定機器（26機器）[7]

1.	乗用自動車	14.	ガス温水機器
2.	貨物自動車	15.	石油温水機器
3.	エアコンディショナー	16.	電気便座
4.	テレビジョン受信機	17.	自動販売機
5.	ビデオテープレコーダー	18.	変圧器
6.	照明器具	19.	ジャー炊飯器
7.	複写機	20.	電子レンジ
8.	電子計算機	21.	DVDレコーダー
9.	磁気ディスク装置	22.	ルーティング機器
10.	電気冷蔵庫	23.	スイッチング機器
11.	電気冷凍庫	24.	複合機
12.	ストーブ	25.	プリンター
13.	ガス調理機器	26.	電気温水機器（ヒートポンプ給湯機）

「トップランナー制度」は日本では大きな効果を挙げたが，必ずしもほかの国においても同様の効果が期待できるわけではない。なぜなら，こうした高度な技術施策はその国（市場）の技術水準に加え，製造者や消費者の意識などに

大きく影響されるからである。各国の市場にはその特質に合わせた施策がそれぞれ存在するので、まずは自国の現状をよく分析する必要がある。

通常は、「MEPS（Minimum Energy Performance Standard）」と呼ばれる、市場に供給可能な製品の最低エネルギー効率を定める制度によって市場から粗悪品を排除するところから始めることになる。つぎに「Energy Star」のような製品の省エネルギー性能を表示する「見える化」施策を用いて適切な情報を消費者に提供する。その一方で、政府、自治体による「グリーン購入法」の実践や「省エネ大賞」などの表彰制度といった多彩な取り組みを積極的に展開して製造者の省エネルギー製品に対する開発意欲を活性化させると効果的であり、しかる後に「トップランナー制度」を導入するのが望ましい。このように制度の導入にあたっては、対象とする市場の特徴を正しく把握し、その成熟度などを見極めたうえでどのような施策が最も効果的なのかを十分に検討しなければならない。

 理解を深めよう

3-1 エネルギー問題はサステイナビリティの三つの「P」とどのようなかかわりがあるのか、具体的な例を挙げて説明せよ。

3-2 化石燃料に大きく依存している国とそうでない国について、その特徴を調査せよ。

3-3 再生エネルギーを普及させるためにはどのような政策が有効と考えるか、理由を示しながら論考せよ。

3-4 日本の省エネルギー技術はなぜ進展したか、その要因について考察せよ。

4. サステイナブル材料

　ここでは材料の製造に関する領域でのサステイナブル工学について述べる。産業革命以降，飛躍的に活発になった，材料を製造する，という人間の活動は現代の社会に暮らす人々の豊かな生活を支える基礎であると同時に環境への負荷の大きな部分を占める活動でもある。

　豊かな生活を支える材料が環境に負荷を与える。サステイナブル工学では二つの方針でこの問題の解決を試みる。一つは，豊かな生活を支える材料を，なるべく環境負荷の小さな新たな化学物質によって代替すること。もう一つは，現在使われている材料を，より環境負荷の小さな方法で製造することである。本章ではそれぞれの方針について，代替フロンの開発，か性ソーダ製造プロセスの発展を具体例として紹介する。また，新たな材料開発に際して，あらかじめ環境負荷の影響を考慮するサステイナブル化学の考え方についても紹介する。

4-1 　化学・材料産業の役割とその問題点

　〔1〕　**現代の産業社会を支える化学・材料技術**　　産業革命の結果として形成された現代の社会は成長することを前提とした社会であった。しかし，成長することを前提とした社会はサステイナブルではない。そのままではやがて行き詰まり滅びてしまう。以前は科学の進歩が成長の維持を可能にすると考えられていた。しかし，『成長の限界』[1]では科学技術の進歩を考慮しても継続的な成長は不可能であるとされた。われわれの社会は成長（＝量的増大）を野放図にめざすことから卒業し，発展（＝質的充実）を目標とすることでサステイナブルな状態に移行する必要がある。そのための工学，特に化学・材料科学はいかなる特徴をもつのであろうか。

　まず明確にすべきなのはサステイナブル工学がめざす社会は産業革命以前の

58　4. サステイナブル材料

社会とは，一面では類似しているとしても，まったく別の社会であるという点である。将来の人口が産業革命の始まった 1800 年ごろの人口である 10 億人を下回ったとしたらサステイナブル工学は失敗であったとみなされるであろう。人々の生活の質を定量化することは難しいが，産業革命以後に実現された健康と長寿，快適な暮らしと高度に発展した情報環境が失われた場合もサステイナブル工学の敗北である。地球環境（planet）を破壊すればサステイナブルではないが，人間生活（people）と社会経済（prosperity）が工業化以前に戻ってしまうなら工学の意味はない。

　では産業革命で起こった社会の変化とはいったいどのような技術によって支えられているのであろうか。ここでは特に化学に関連する技術に注目する。

　産業革命の契機が石炭を利用した蒸気機関の普及であったことが示すように，化石燃料の利用による大量のエネルギー供給の実現は現在の社会の繁栄や快適な生活の基盤である。産業革命の前後では人口の増加と同時に一人当たりの使用エネルギーも増加している。例えば 1400 年ごろ，北西ヨーロッパでの一人当たりのエネルギー使用量は 2 600 kcal と推定されている。その後，産業革命を経た 1875 年のイギリスでは蒸気機関と石炭の利用によって 77 000 kcal に到達した。1970 年には石油の利用も加わって世界平均でも 230 000 kcal となっている[2]。エネルギー資源の利用は石炭から石油，天然ガスへと拡大したが化石資源がエネルギー供給の多くを占める状況にかわりはない（2014 年の世界のエネルギー消費の 81.7% は化石エネルギーによって供給されている[3]）。よく知られるように，化石燃料の使用は二酸化炭素（CO_2）の環境への放出を伴っている。2015 年には大気中の CO_2 濃度が 400 ppm を超えたことがニュースとなった。つまり，世界中の人々が豊かな暮らしを求めて化石燃料を燃焼させる作業を繰り返したことで人工的に CO_2 という化学物質が生産され，それが自然界に放出されることで，ついには地球の大気の組成を変化させるほどの影響が生じたのである。

　産業革命によって生活条件が改善されると人口の増加が始まった。増えてゆく人口に見合った食料供給の拡大を可能にしたのは，「緑の革命」と呼ばれた

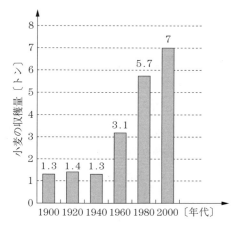

図 4-1 フランスにおける1ヘクタール当たりの小麦の平均年間収穫量の変化[4]

農業技術の革新であり，単収（一定の面積から収穫できる農作物の量）は数倍に増加した（**図 4-1**）。

「緑の革命」の原動力は，一つにはトラクターの導入など農業の機械化であり，農薬や除草剤による農作業の効率化，そして品種改良による収穫量の大きな品種の開発である。加えて，食料の増産に対して大きな効果を与えたのは肥料の合成，特にハーバーボッシュ法による窒素肥料の合成である。

人体を構成するタンパク質に必須な元素の一つである窒素は大気中に窒素ガス（N_2）として大量に存在している。しかし，そのままでは生物が利用することはできない。自然界では生物が利用できる形態の窒素の供給は限られていて多くの場所で生物の存在量の限界となっている。ハーバーボッシュ法では特殊な条件で N_2 を水素ガス（H_2）と反応させてアンモニア（NH_3）とすることで生物の利用できる窒素を人工的に作り出せる。このアンモニアから作られた窒素肥料によって作物は充分な量の窒素を吸収し，より大きく成長することができるのである。

窒素肥料の利用は増加した人口を支えるために必要な農業技術である。その一方，農場を通じて人工的に合成した肥料を環境に放出する行為でもある。

60   4. サステイナブル材料

CO_2 と同様，環境への影響を注視する必要があるだろう。

また，肥料と同時に農薬や除草剤も農場を通じて環境に放出されている。環境に意図的に放出されている化学物質の種類は少なくないのである。

一方，意図的でない化学物質の環境への放出もある。化学物質を製造したり使用したりしている事業者は PRTR（Pollutant Release and Transfer Register，化学物質排出移動量届出制度）という制度によって，その事業所から排出されている化学物の量を報告する義務を負わされている。その対象となっている化学物質は 462 種類に達している。提出義務のない物質を含めればより多くの種類の物質が環境に放出されていると考えられる。

さらに，現在の化学産業は医薬品，化粧品をはじめとして合成繊維やプラスチックを用いた衣料，日用雑貨，ひいては家電製品，自動車に用いられるさまざまな機能をもった化学物質を供給している。これらの化学物質の多くは廃棄物の一部として処理されるが環境に残留するものもある。廃棄物を経由して環境に放出される化学物質も存在している。

産業革命に連なる現代の社会の発展に際して化学的に合成した物質の利用は重要な役割をはたしている。一方，産業で利用された化学物質の環境への放出はつねに生じ得る問題である。

〔2〕 **サステイナブル・ディベロップメントと化学物質**　　化学物質の利用は従来の人類社会を根本的に変化させたが，その環境への放出は問題を起こす可能性をもつ，もしそうであればサステイナブルに利用し続けることはできない。

一部の物質は，コストをかけて適切な対策をとればその環境への放出を充分に抑制できる。日本でも水俣病，イタイイタイ病，四日市ぜんそくなどの公害が問題となった時期があったが，それらの原因物質の放出を抑えることによってこれら公害問題の新たな発生を抑制することに成功している。「化学工場の設備の少なくとも半分は環境対策機器」という態勢を整えることによって化学物質のメリットを享受しつつ，負の影響を抑えている。また，製品の一部として出荷された化学物質が廃棄物のなかから漏出する形で有害な化学物質が放出

される経路に対しても，さまざまな規制とそれに対応した新たな化学物質の開発が進められている。

　ただし，化学物質の放出への対策を疎かにすれば公害問題はいつでも再発し得るものである。有害な化学物質の放出を好んで受け入れる人はいないが，発展途上国が開発の過程でコスト削減のために環境対策機器の導入を怠ったり，先進国で発生した有害な化学物質を含んだ廃棄物が国境を越えて移動されるなど，発展途上国の持続的な開発（サステイナブル・ディベロップメント）にとって不都合な事態が生じやすい。そこで『Our Common Future』の流れを汲む行動計画「アジェンダ21」では有害な化学物質と有害な廃棄物の適正な管理の問題として，不法な国際取引を防止することに力点を置いている。

　一方で，先に述べた化石燃料に由来する CO_2 やアンモニアに由来する窒素の環境への放出は，現状ではそれなしで社会を維持することが不可能なものである。たとえ不都合な作用があったとしてもすぐには解消できない問題である。

〔**3**〕　**サステイナブル工学としての化学（サステイナブルケミストリー）**

化学を利用したさまざまな物質の生産に際して，かつては公害問題，現在では環境問題と呼ばれる環境（planet）への悪い影響が引き起こされてきた。しかし，化学の成果による人々の快適な生活（people）や社会の繁栄（prosperity）の実現のために，この問題はときとして無視され，一部の人々がそのつけを払うことになる事例も問題となった。

　一見，planet と people や prosperity には矛盾が存在するように見える。サステイナブル材料化学は人々（people）の求める機能に注目することで両者の矛盾を解決する。

　まず，人々が快適な生活や社会の繁栄のために求めているのは材料の機能であって，材料を構成する物質そのものではない。より people や prosperity に寄与する機能を無害な物質で，環境負荷の少ない物質で実現すること。これがサステイナブル材料化学の一つ目の方針である。

　同様に，同じ物質を作るとしても，より無害な方法で，リサイクルを活用して，より環境負荷の少ない方法で作ること。これがサステイナブル材料化学の

62   4. サステイナブル材料

もう一つの方針となる。

　さらに，サステイナブル材料化学では新たな機能をもつ化学物質の開発に際しては，環境負荷の少ないプロセスで製造できるよう，あらかじめ製造過程を意識しながら開発を進めることが求められている。

4-2　サステイナブルな社会づくりに役立つ材料

　〔**1**〕「**フロン**」**開発の歴史**　　クーラーや冷蔵庫のような冷凍機に冷媒として用いられている「フロン」の開発と改良の歴史はサステイナブルな社会の構築と化学物質の開発に関して示唆に富んだ実例である。以下に「フロン」開発の歴史を紹介しよう。

　まず，冷凍機の原理を復習してみよう。液体が気化するとき熱を吸収する，これが冷凍機の原理である。冷凍機を連続運転するためには気化した気体をどこかで液体に戻す必要があるが，冷やして液化することはできないので圧縮することで液化する。圧縮された気体はより高い温度でも液化するので気化時より高い温度で熱を放出する。気化時に低温で吸収された熱が圧縮時に高温で放出されるので，低温から高温に熱を移動させるヒートポンプとして機能する。ヒートポンプのうち吸熱側を利用するものが冷凍機であり，液化と気化を繰り返す物質が冷媒と呼ばれている。

　冷媒にふさわしい物質にはいくつかの条件がある。例えば水を冷媒として用いれば安全・安価ではあるが，冷却機の温度は水が気化・液化する温度，つまり沸点の100℃となりクーラーとしては不適切である。圧力を低下させれば沸点を低くできるが低圧を保持するための装置は高価なものになってしまう。そこで，大気圧近くでの沸点が冷凍機として利用しやすい温度領域にある物質が冷媒として利用しやすい。そこで当初はアンモニア（沸点−33.3℃）が利用されていたが，においが強いうえに毒性が高く施工時の事故原因ともなっていた（アンモニアは現在でも一部で冷媒として使用されおり，2004年にもアンモニア中毒による死亡事故が発生している）。

そこで，1920年代に新たな冷媒として「フロン」が開発された。ただ，「フロン」という特定の物質が存在するわけではない。フロン，あるいはフロン類という用語はある種の化学物質のグループを指し示すもので，厳密な定義があるわけではないが，一般にメタン，エタン，プロパンのような炭化水素化合物の骨格に水素の代わりにフッ素や塩素などの原子が結合している物質を示している（**図4-2**）。炭化水素が大気中で容易に燃焼することから，これらのフロン類も不安定な物質だと思うかもしれないが，炭素とフッ素，炭素と塩素の結合は非常に強い結合であり空気中ではほとんど分解することがない。分子のなかで原子が強く結び付き合っていて常温でその結合が切れることがなく，生体分子との相互作用も小さい。したがって，顕著な毒性もなくほぼ無臭である。炭素の骨格とフッ素・塩素の結合数と位置の組合せによっていろいろなフロンを合成することができ，その沸点も変化するので，沸点が適切な温度領域にあるフロンを選んで冷媒として用いることができた。

（a） ジクロロジフルオロ
メタン（CFC-12）

（b） 代替フロンテトラフルオロ
エタン（HFA-134a）

図4-2 代表的なフロン。（a）のように塩素を含むもの
（b）のように含まないものが存在する

ここまでは，新たな化合物の合成を通して人々の快適な生活（people）や社会の繁栄（prosperity）の実現のために化学が役立った，という具体例だといえるだろう。しかし，のちに環境への悪い影響，それも文字通り地球（planet）レベルの影響がフロンによって引き起こされていることが判明する。

〔2〕 **フロンとオゾン層** 1980年代初頭，南極昭和基地上空の春季オゾン全量の計測値がそれまでと比較して，著しく減少していることが観測された。これが南極のオゾンホールの最初の報告であるとされている。オゾンホー

ルとは 8 ～ 11 月に南極上空のオゾン量が極端に減少する現象である（南半球なので 8 ～ 11 月が春季である）。ここで，オゾンホールの広がりの目安として図 4-3 に 1979 年，2011 年それぞれの 10 月の月平均オゾン全量の南半球分布を示す。なお，オゾン全量が 220 m atm-cm 以下の領域は▭▭▭の線で囲った内側である（2011 年）。

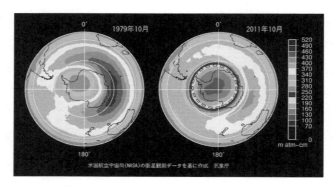

図 4-3 1979 年，2011 年それぞれの 10 月の月平均オゾン全量の南半球分布[5], †

オゾンホールとフロンにいったいどんな関係があるのか，以下に順を追って説明しよう。

まず，オゾン（O_3）とは酸素分子（O_2）と同じく酸素原子からなる分子である。オゾンは不安定で自然に O_2 に分解するためわれわれの周囲には通常は存在しないが，放電現象などで O_2 が分解して酸素原子（O）が発生すると O_2 と反応してオゾンが発生することがある。電車が加速減速する際，モーターで起こる放電によってオゾンが発生することがあり，ときとしてオゾンのにおいを感じる場合がある。また，オゾンは O_2 と違って波長 300 nm 以下の紫外線を吸収する。

地表から 10 km 以上上空の大気中では波長 230 nm 以下の高いエネルギーの

---

† カラーの図は巻末の引用・参考文献に示した URL で確認できる。

紫外線によって O_2 が分解してオゾンが発生している。オゾンの発生と分解がつり合っているので上空にはいつも一定量のオゾンが存在している。この上空のオゾンは波長 300 nm 以下の紫外線を吸収して地表に降り注ぐ紫外線の強度を抑える働きをしている。これがオゾン層である。オゾン層は南極に限らず地球全体を覆っていて，われわれの生活する地表を有害な紫外線から守っているのである。

先に紹介したオゾンホールという現象はこのオゾン層に穴が空いている（「ホール」という名称はここに由来している）ということであり，南極という人が少ない場所で，春季という限定された期間のことであっても不安を感じさせる事象である。また 1980 年代に始まった，ということはその原因が地球の歴史から見ればごく最近に起こった変化，おそらくは人間活動による変化，に由来していることを示している。また，後の調査の結果，オゾンホールほどではないとしてもオゾン層の破壊は全世界的に起こっていることが知られるようになった。

オゾンホールの発生，オゾン層の破壊の原因となるメカニズムを明らかにしたのはフランク・シャーウッド・ローランド（F. S. Rowland），マリオ・モリーナ（M. J. Molina），パウル・クルッツェン（P. J. Crutzen）など，大気化学者であった。オゾン層の破壊はオゾンの分解を加速する要素，触媒が大気に含まれるようになったことが原因である。その触媒とは塩素原子（Cl）であり，以下の反応によってオゾンを分解する（以下で M は大気中に任意の分子，$h\nu$ は光のエネルギーを表す）。

$$Cl + O_3 \rightarrow ClO + O_2$$

$$ClO + ClO + M \rightarrow Cl_2O_2 + M$$

$$Cl_2O_2 + h\nu \rightarrow Cl + ClOO$$

$$ClOO + M \rightarrow Cl + O_2 + M$$

全体をまとめると

$$2O_3 + h\nu \rightarrow 3O_2$$

となり，Cl が反応の前後で変化せず触媒として作用していることがわかる。

66   4. サステイナブル材料

では，このClはどこからやってくるのだろうか。自然界にもともと存在するものが原因なら1980年代といわず，酸素を含む大気が形成された十億年以上前からオゾンホールがあったはずである。人間が作り出した物質であり，大気の上層にまで到達できる気体，しかもオゾン層の領域まで分解しない安定な分子となると先に述べたフロン以外に考えられない。炭素の骨格にフッ素のほかに塩素を結合させた形のフロンが大気中に放出され，そのままオゾン層まで到達したところで強力な紫外線によって分解されて塩素原子Clを放出し，そのClが触媒としてオゾン層を破壊し始めた。特に南極では南極特有の気象条件と相まってオゾン層が消失し，オゾンホールが形成されていたのである。

フロンの開発は冷凍機の普及を加速して人々の快適な生活の実現（people）や社会の繁栄（prosperity）のために役立った。しかし，フロン開発から約半世紀，オゾン層の破壊とオゾンホールの形成というplanetレベルの悪影響が判明した。このままフロンを使い続けることはできない。従来のフロンを利用した冷凍機はサステイナブルではなかったのである。

〔3〕 **代替フロンとモントリオール議定書**　　オゾン層は紫外線を防ぐ効果をもっている。これが破壊されれば地上において生物にとって有害な紫外線が増加し，生態系への悪影響が懸念される。1980年代半ばにはオゾン層保護の機運が高まり，1985年に「オゾン層の保護のためのウィーン条約」，1987年に「オゾン層を破壊する物質に関するモントリオール議定書」が採択され，フロン類の使用規制が始まった。では，フロンを利用していた冷凍機はどうなったのだろうか。

まず，オゾン層破壊の原因であるオゾン分解のメカニズムにおいて触媒として働いていたのは塩素原子であることが注目された。同じフロン類でも塩素原子を含まないものも存在し，それらはオゾン層破壊の効果をもたない。塩素を含まないフロンを代替フロンと呼ぶ。炭素，フッ素，水素からなるいろいろな化合物が合成され，従来のフロンと同等の性能をもつ代替フロンが商品化されることで冷凍機の性能を維持したままオゾン層の破壊を防ぐ方法が確立された。快適な生活の実現（people）に必要な性質を維持したまま地球環境

(planet）を破壊する性質をもたない物質が新たに合成された。これはサステイナブルケミストリーの典型的な成果のあり方の一つといってよいであろう。

オゾン層の破壊を防ぐためには代替フロンへの切り替えが必要だが，従来のプラントをそのまま利用していままで通りのフロンを作り続けるほうがコストは低く抑えることができる。切り替えを行った業者が不利になるようでは代替フロンの普及は進まないので従来の塩素を含むフロンの製造販売を禁止することが「モントリオール議定書」で義務付けられた。その結果，例えば日本における塩素とフッ素，炭素からなるフロンの生産量は**図 4-4** のように減少した。

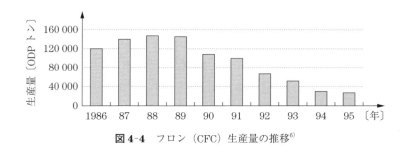

図 4-4　フロン（CFC）生産量の推移[6]

これらのフロンのうち，CFC-11，CFC-12 などは大量に使用されていたため大気中に数百 ppt の濃度で蓄積していたが，対策がとられると同時に増加がとまり，あるいは減少に転じた（**図 4-5**）。また，南極のオゾンホールの拡大

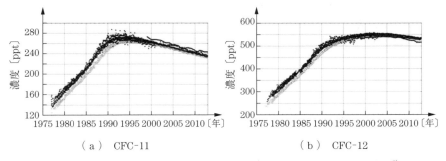

（a）　CFC-11　　　　　　　　（b）　CFC-12

図 4-5　世界における大気中のクロロフルオロカーボン類濃度の経年変化[7]

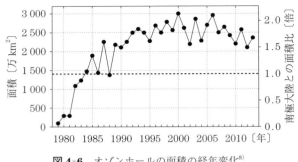

図 4-6 オゾンホールの面積の経年変化[8]

もとまり，やや縮小に転じているようにも見える（**図 4-6**）。

　オゾン層破壊物質の排出制限に対する多大な努力にもかかわらず，大気中の特定フロンの濃度やオゾンホールのサイズはいまだ旧に復する状態にない。フロンが開発される以前の状態に戻るのは今世紀半ば以降と予測されている。一度破壊された環境の修復には多大な時間が必要であることも事実ではあるが，「モントリオール議定書」によるオゾン層破壊物質の規制は世界の国々の協力による環境問題の解決として意義ある成功事例である。このような協力が可能となった背景には化学による代替フロンの開発によって従来のフロンを使い続ける以外の選択肢が与えられていたことがあることを再度強調しておきたい。

　〔4〕 **フロンのその後**　　オゾン層を破壊しない代替フロンが開発されたことによって環境とフロンの問題は解決されたように思われるかもしれない。しかし，代替フロンには大きな温室効果を引き起こす，という問題点が指摘されている。二酸化炭素の数千倍から分子の種類によっては数万倍の温室効果をもつ，といわれており，今度は「京都議定書」をはじめとする気候変動枠組み条約での削減対象となる[9]。

　温室効果の小さい代替フロンの開発も試みられてはいるが，同時に用途に応じてフロンを使用しないノンフロン製品の開発，製品廃棄時にフロンを確実に回収するシステムの整備などの複数の工学的な手法を使って製品の機能を損なうことなく，環境に配慮した製品を製造することが現在の課題となっている。

4-3 サステイナブルな材料の製造プロセス

〔1〕 **化学物質の製造プロセスと副産物・エネルギー**　材料の製造においては，その材料を構成する元素を資源として投入しなければならないのは自明であるが，原料のうち製品に残らない元素は副産物として廃棄されなければならないし，生産に際して別の物質が必要となることも多い。同様にさまざまな形でのエネルギーも必要とされ，そのすべてが有効に利用されるわけではない。

ある材料を製造するとき，使用する原料（資源）を決めると，材料当たりの原料の必要量，廃棄物（副産物）の種類と量の限界が決まり，同時に生産に最低限必要な自由エネルギーも熱力学的に決まってしまう。材料を生産するプラントでは，必要最小限の資源，廃棄物で，最小のエネルギー消費に可能な限り近づくことが目標とされる。

〔2〕 **ソーダ工業の歴史**　化学物質の製造プロセスの具体例として食塩（NaCl）から，か性ソーダ（苛性曹達）やソーダ灰を製造するソーダ工業の歴史について紹介する[10]。

か性ソーダは水酸化ナトリウム（NaOH，図4-7）の伝統的な名称である。代表的な強アルカリの化学物質で，そのままの形で消費されることはないが，石けんの製造やパルプの溶解，上下水道や各種産業の排水処理など幅広い領域で使用される。

ソーダ灰は炭酸ナトリウム（Na_2CO_3）の無水結晶の通称であり，石けんや

図4-7　試薬として販売されている水酸化ナトリウムの外観（時計皿の直径は 75 mm）

70　　4. サステイナブル材料

ガラスなどナトリウムを含む物質の原料となる。

　ソーダ工業では，古くは硫酸と石灰石（炭酸カルシウム）を使って NaCl を分解するルブラン法やアンモニアを触媒的に用いて石灰石のみで NaCl を分解するソルベー法によってソーダ灰が生産されていたが，副原料が必要なうえ，前者は硫化カルシウムが，後者は塩化カルシウムが副生成物として生じることから，やがて電気分解法によるか性ソーダの生産が主流となり，カルシウムを含む副生物は生じなくなった。

　電気分解法ではか性ソーダとともに塩素ガス（Cl_2）と水素ガス（H_2）が副生成物として生じる。水素ガスの生成量は少ないが，塩素ガスは，か性ソーダと同程度の重量で生成する。塩素ガスは毒性の高い危険な物質であるが，上下水道での殺菌に用いられているほか，次亜塩素酸などの漂白剤，塩化ビニル樹脂などプラスチックの原料にも利用される有用性の高い物質である。

　さて，食塩水を電気分解すれば陽極側では塩化物イオン（Cl^-）から塩素ガスが発生する。

$$2Cl^- \rightarrow Cl_2 + 2e^-$$

塩素ガスは気体として容易に分離・収集できる。一方，陰極側ではナトリウムイオン（Na^+）が還元されるが，水中では金属ナトリウムのまま存在することができず，水と反応して水酸化ナトリウム（か性ソーダ）となり，同時に水素ガスを発生させる。

$$2Na^+ + 2e^- + 2H_2O \rightarrow 2NaOH + H_2$$

水素ガスも簡単に分離できるが，か性ソーダは水溶液となっていて原料である NaCl と分離することが難しい，という問題がある。NaCl の電気分解を効率的に行い，高純度のか性ソーダを回収するためにはなんらかの技術が必要となる。

　過去には二つの方法が用いられていた。一つは隔膜法と呼ばれる技術であり，陰極と陽極の間を水が透過できる膜（石綿（アスベスト）で作られていた）で区分するもので，陽極側に食塩水を入れて電気分解を行う。隔膜の陽極側では塩化物イオンが塩素ガスとなって電解槽の外に放出され，同時にナトリウムイオンが陰極側にしみ出して陰極側にか性ソーダが濃縮される。ただし隔膜に

は特に分離機能はないため塩化物イオンが陰極側にしみ出してしまう。このため，陰極側の電解液にはか性ソーダが濃縮されるものの，なお大量の食塩を含むため，水を蒸発させて濃縮し，食塩を沈殿させて純度を向上させる。それでも最終的な製品に食塩が残留することになる。

　もう一つの方法は水銀を陰極とする手法で水銀法と呼ばれている。水銀電極で還元されたナトリウムは水銀との合金（ナトリウムアマルガム）を生じる。ナトリウムアマルガムを電解槽から取り出し，加水分解して水酸化ナトリウムと水素を得る，水銀は再び電解槽へと送られる。水銀法は水を蒸発させる必要もなく，純度の高い水酸化ナトリウムが得られる優れた技術である。

　日本でのか性ソーダの生産は 1966 年にはすべてが電気分解法によるものとなった。1949 年ごろまでは隔膜法と水銀法，どちらの手法も用いられていたが，先に述べた優れた特性によって，しだいに水銀法が主流となっていった。

　ところが，1956 年の水俣病の発見から始まったメチル水銀による中毒事件を契機として 1973 年には水銀法からの転換が求められることとなった。その後，一時は旧来の隔膜法も用いられたが，隔膜法を改良したイオン交換膜法が新たに開発され，現在，国内のすべてのプラントではこのイオン交換膜法が用いられている。

　イオン交換膜法は隔膜法と類似した手法であるがアスベストの隔膜の代わりにイオン交換膜が用いられている。イオン交換膜には陰イオン基が結合していて負に帯電しているので陰イオン（この場合は塩化物イオン）は通過できない。隔膜の陽極側に食塩を入れると陽イオンであるナトリウムイオンのみがイオン交換膜を通過して陰極側に移動して純粋な水酸化ナトリウムを得ることができる。この手法は当初から従来の隔膜法を凌駕し，水銀法なみのエネルギー効率を達成していたが，イオン交換膜の分離性能と耐久性の向上によって，やがて水銀法以上のエネルギー効率を達成することとなった。

　ソーダ工業の歴史を振り返ってみよう。当初は原料としての炭酸カルシウム，副生成物としての塩化カルシウムを発生させるソーダ灰製造プロセスを基礎としていたが，その後，食塩と水という安価な原料から塩素ガス，水素ガス

72   4. サステイナブル材料

という有用な副生物が得られる電気分解によるか性ソーダの製造プロセスを中心として発展した。さらに電気分解の方法も隔膜法から水銀法へ，そして水俣病という外部的な要因の影響を受けて，新たなイオン交換膜法が開発され，イオン交換膜の進歩にしたがってより高効率なプロセスが実現している。製品が同じでも，よりサステイナブルに近い製造プロセスを実現することは化学におけるサステイナブル工学の重要な実践の一つであり，より良いイオン交換膜という材料の開発がその原動力となっているのである。

4-4 サステイナブルな製造プロセスのための材料開発

〔1〕 **サステイナブルな材料開発**　先に述べたか性ソーダの合成プロセスの歴史は，同じ製品を作るとしてもその作り方には複数の選択肢があり，より良い合成プロセスを選択するべきだ，という教訓を示している。また，ある時期までは優勢であった水銀法が廃れた理由を考えると，危険性のある物質はたとえ製品に残留しないとしても，そもそも使用しないことが望ましいこともわかる。

　材料の開発に際して，最終的にその材料がいかなる原料を必要とし，どのようなプロセスで生産されるのかをあらかじめ想像しておけば最初からサステイナブルに近いプロセスで製造することができる。つまり，有害な元素を含まず，製造プロセスでも使用しないという制限の下で材料を開発することが望ましい，というルールが示唆されていると見ることができる。

〔2〕 **グリーンケミストリー 12 か条**　同様のルールは，か性ソーダの合成プロセス以外にもいろいろな化合物の開発や製造の局面で得られるものであった。しだいにこのような考え方がまとめられ，材料開発の研究に際しては，アメリカ環境保護庁の P. T. アナスタスらによって以下のグリーンケミストリー 12 か条が提唱されている[11]。

【グリーンケミストリー 12 か条】

　1. 廃棄物は"出してから処理"ではなく，出さない

2. 原料をなるべくむだにしない形の合成をする
3. 人体と環境に害の少ない反応物，生成物にする
4. 機能が同じなら，毒性のなるべく小さい物質をつくる
5. 補助物質はなるべく減らし，使うにしても無害なものを
6. 環境と経費への負荷を考え，省エネを心がける
7. 原料は，枯渇性資源ではなく再生可能な資源から得る
8. 途中の修飾反応はできるだけ避ける
9. できるかぎり触媒反応を目指す
10. 使用後に環境中で分解するような製品を目指す
11. プロセス計測を導入する
12. 化学事故につながりにくい物質を使う

　これらには化学物質の合成・開発から量産までいろいろなレベルでの行動が含まれている。有用な材料の開発をめざして化学者がそれぞれのレベルで研究を行う際，上記のルールは研究のなかでの選択肢に制限を加えるものである。しかし，このような制限を受けてもなお，化学の対象とするフィールドは広大であり，新たな発明・発見の可能性が損なわれることはないであろう。

 理解を深めよう

4-1 オゾン層を破壊しないフロン，代替フロンの分子はどのような特徴をもつか，フロンによってオゾン層が破壊される仕組みを前提として説明せよ。

4-2 フロンの排出制限を目的としたモントリオール議定書，温暖化ガス排出抑制を目的とした京都議定書について調べよ。重要だと思われる両者の類似点と相違点をそれぞれ一つ選び，そのような類似・相違が生じた理由について考察せよ。

4-3 か性ソーダの生産方法である隔膜法とイオン交換膜法の相違点について述べよ。イオン交換膜法が隔膜法より優れている点はなにか説明せよ。

4-4 「グリーンケミストリー12か条」では「機能が同じなら，毒性のなるべく小さい物質をつくる」というルールが提示されている。「機能が同じではない」ケースではどのような対応をするべきか考察せよ。

5. サステイナブル設計・製造

　本章では，機械工学分野の最も身近な製品の代表である自動車を例として，サステイナブル工学を説明する。まず現状の自動車産業と製造方法などについて述べ，ついでその歴史について，おもに環境問題と法令について述べる。さらに環境問題に対応するための自動車産業の取組みについて述べ，最後にサステイナブル工学への展開について触れる。

5-1　自動車の開発と製造

　自動車は，普通乗用車で約2万〜3万点の部品から構成され，その材料も金属はもちろん，プラスチック，ゴム，ガラス，そして繊維や皮革など，非常に多くの材料が利用されている。また，全世界の普通自動車の生産台数は，2016年に約7211万台[1] にも及び，自動車産業に従事している人は，国内で534万人（2014年）と全就職人口の8.3%にも及ぶ[2]。さらに自動車関連の商品別出荷額は53兆3101億円（2014年）[3] と現代を代表する工業製品の一つである。一方，平日の全国代表交通手段別構成比の第1位[4]（45.7%）であり，現代の文明を支える代表的な交通手段でもある。

〔**1**〕　**自動車の製造プロセス**　　　自動車の生産工程は，大まかにエンジンの製造を行うパワートレイン工場とボディ組立てを行う車両工場から構成される。

　パワートレイン工場では，溶けた金属を型に流し込み複雑な形状を製作する鋳造によりエンジン本体が製造され，また，コンロッドなどの強度の必要な部品は，赤くなるまで熱して柔らかくした金属を，型に打ち付けて成形を行う鍛造により製造される。鋳造や鍛造では，高い精度の加工や部品を通すための穴や固定するためのねじの加工を行うことが困難なため，各種の工作機械を用いて削ったり，磨いたりするなどの機械加工が行われ，必要な機能をもつ高い精

度の部品に仕上げられる。さらに，それらの部品を組み立て，エンジンやトランスミッションモジュールが製造される。

車両工場では，薄板材からボディの構成要素を，プレスを用いて加工する。加工された各部品は車体工場で組み合わせ，溶接されボディができる。さらに塗装が施され，組立工場において，エンジン，ミッション，シートなどの部品が組み付けられ，自動車が完成する。

現在では，各ディーラーで入力された購入者の希望仕様情報（車種，ボディの種別（セダン，5ドアなど），ボディの色，エンジンの種類，内装など）は，即座に送られ，コンピュータを用いて生産計画が立てられ，各種専用工作機械やコンピュータ制御された工作機械，各種ロボットにより，ほかの購入希望者への多様な製品とともに，無駄なく正確に生産される。

〔2〕 **自動車の開発プロセス**　自動車の開発プロセスを**図5-1**に示す。近年の開発プロセスの特徴は，デザイン，製品設計，生産設計などを開発の初期段階から同時並行処理（concurrent processing）していることにある。

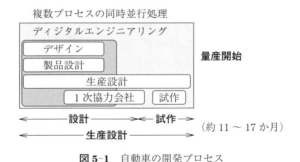

図5-1　自動車の開発プロセス

これは，製品設計（product design）に製品の正確な形状を表現することのできるソリッドモデル（solid model）を用いることで，実現されている。すなわち製品のソリッドモデルがあれば，製品の機能をシミュレーション（simulation）できるだけではなく，製品を製造するために必要な機械や工程などを検討することが可能（ディジタルエンジニアリング）となる。

76   5. サステイナブル設計・製造

　自動車のソリッドモデルが作成できると，部品の正確な重さや部品間の位置
関係が計算でき，実際に組み立てることが可能か，想定通り動くか，力が作用
する際の変形や破壊しないかの確認などのさまざまな確認を，試作品の製作や
実験することなく行うことができる。特に衝突の際のダメージの評価では，以
前では実際に試作車を製作し，衝突させる実験を複数回実施していたが，解析
技術やコンピュータの性能の向上により，実験より短期間に，かつその回数を
大幅に減らすことが可能となった。最近では上記の開発期間がさらに短縮され
ている。

5-2　自動車と環境問題

〔1〕　モータリゼーションと公害　　産業革命（industrial revolution）を経
て 1800 年の後半にはイギリスのほかにもドイツやアメリカ合衆国で工業化が
進み，化学，電気，石油および鉄鋼の分野の技術革新や，各種製造の機械化，
輸送手段の革新により，各種消費材の大量生産（mass production）が可能と
なった。なかでも自動車は社会に広く普及し，生活必需品化していったが，こ
の現象は，モータリゼーション（motorization）と呼ばれる。アメリカでは
フォードによる自動車の量産化の成功や道路の整備が進んでいたことなどによ
り，1920 年代にはモータリゼーションが始まっていた。ヨーロッパ各国でも
1930 年代に始まり，特にドイツのアウトバーン（autobahn）の整備は，ヨー
ロッパのモータリゼーションを一気に加速させた。日本では，1964 年の東京
オリンピックからモータリゼーションが進んだ。工業化の発展やモータリゼー
ションにより人々の生活が便利になる一方で，各種の公害（pollution）が発生
し問題となった。アメリカやイギリスでは，1940 年代以降，大気汚染物質に
よるスモッグによる健康被害が生じるようになった。特にカリフォルニア州の
スモッグによる公害は，自動車の排気ガスなどの大気汚染物質が太陽光線を受
け光化学反応により高濃度のオゾンを発生していたことがわかり，光化学ス
モッグ（photochemical smog）と呼ばれるようになった。光化学スモッグは，

日本でも 1970 年にはその発生が報告されている。

　スモッグによる健康被害を防ぐために，各国政府は各種の法的規制を行った。イギリスではロンドン市法（City of London Act, 1954 年），大気浄化法（Clean Air Act, 1956 年，英国）が，アメリカでも大気浄化法（Clean Air Act, 1963 年，米国）が制定される。特にその後アメリカで制定された大気浄化法改正法（Muskie Act，通称マスキー法，1970 年）は，1975 年以降は排気ガス中の一酸化炭素（CO）と炭化水素（HC）の排出量が 1970 ～ 1971 年型の 10 分の 1 以下の自動車しか製造販売を認めない，という非常に厳しいものであった。これに対して，日本の各メーカーはこれらの規制にいち早く対応した。日本国内でも大気汚染防止法（1968 年）や昭和 48 年排気ガス規制（1973 年）が制定されるなど規制が進んだ。

　〔2〕　**省エネルギーと省資源**　　一方で 1979 年にはエネルギー消費機器（energy consumption equipment）に関して，その消費性能向上を製造企業に課す「エネルギーの使用の合理化等に関する法律」が制定され，本法律に基づき定期的に自動車の燃費基準が改正され，各メーカーはそれらに対応すべく技術開発を行ってきた。1997 年には気候変動枠組条約第 3 回締約国会議（COP3）において，先進国および市場経済移行国の温室効果ガス排出の削減目的を定めた京都議定書が採択された。これを受けて 1998 年には，上記の省エネルギーに関する法律は，商品化されている該当製品の最も優れている製品以上の性能を要求するというトップランナー基準（top runner program）を採用することとなり，メーカーにとってはより厳しいものとなった。

　さらに，大量に生産される自動車は，中古車などとして流通し，最終的には廃車され，解体業者などにより有用金属や部品がリサイクルされ，最後に残る内装材を中心としたシュレッダーダスト（automobile shredder residue：ASR）は埋め立て処理されてきた。しかしながら，最終廃棄物処分場の逼迫や，最終処分費の高騰，鉄スクラップ価格の低迷により，不法投棄・不適正処理の懸念が生じた。このため，自動車製造業者を中心とした関係者に適切な役割分担を義務付け，使用済自動車のリサイクル・適正処理を図るため，2002 年に「使

用済自動車の再資源化などに関する法律（自動車リサイクル法）」が制定された。自動車リサイクル法は，2005年1月から完全施行されている。**図5-2**にリサイクル法施行後の使用済み自動車のリサイクル構成[5]を示す。これにより従来埋め立てられていた約17％のシュレッダーダストが1％程度に減少し，99％がリサイクル化されている。

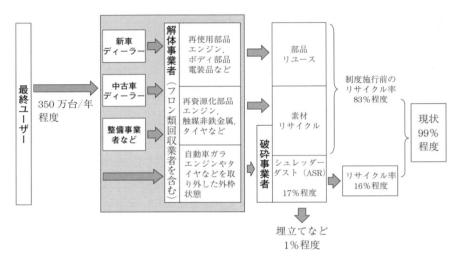

図5-2 使用済み自動車のリサイクル構成
（リサイクル法施行後，2013年）[5]

〔3〕 **次世代への環境対策** 各国政府や自治体では，次世代に向けた環境対策の強化を図っている。例えばEUでは，CO_2排出量を130 g/km（2015年）と95 g/km（2021年）の規制を導入している。この規制では，メーカーごとの当年の販売台数に車種ごとのCO_2排出量を加重平均し，規制値を超えた場合，罰金を支払うCAFE（corporate average fuel economy）方式が採用されている。同様に米カリフォルニア州では，ZEV（zero emission vehicle）規制を実施している。この規制は，規定された台数以上の自動車を販売しているメーカーは，その販売台数の一定比率をZEV規制に対応させなければならないものである。ただし，ZEVには，現状ではプラグインハイブリッド車，ハイブリッ

ド車，天然ガス車などが含まれる．2018年には本規制がより広範なメーカーに適用され，本来のZEVのみしか認められなくなる．

さらに，フランスやイギリスなどは地球温暖化対策や大気環境の保全のため2040年にエンジンを廃止する宣言を行っている．

5-3 環境問題に対する自動車に関する技術開発

〔1〕 **低公害化技術**　自動車はエンジンで燃料を燃焼させ，そのエネルギーを動力に変換し走行する．自動車の多くは，ガソリンを燃料としている．エンジンの基本動作は図5-3に示され，つぎの四つの工程で構成される．

吸気行程：吸気弁が開き，シリンダー内にあるピストンが下降し，容積を広げながら燃料と空気が充填される．

圧縮行程：ピストンが最下点（下死点）までくると吸気弁が閉じられ，ピストンが上昇しシリンダー内の圧力が上昇する．

燃焼行程：ピストンが最上点（上死点）に達すると充填圧縮された燃料がスパークプラグにより点火され，急激に体積が膨張しピストンを押し下げ，このエネルギーが動力として利用される．

排気行程：再度ピストンが下死点に達すると排気弁が開き，ピストンの上昇とともにシリンダー内の排気ガスが，外部に排出される．このような形式のエンジンは4サイクルエンジンと呼ばれ，ほとんどのガソリンエンジンがこの方式である．

（a）吸気行程　（b）圧縮行程　（c）燃焼行程　（d）排気行程

図5-3　4サイクルエンジンの基本動作

ガソリンはさまざまな種類の炭化水素の混合物であり,エンジン内で燃焼する際にはさまざまな化学物質を排出する。特に有害な物質は,大気汚染の原因となりその低減が必要となる。有害な物質には,おもに**表 5-1**に示すようなものがある。

表 5-1 自動車に関するおもな有害物質

物　　質	内　　容
CO（一酸化炭素）	血液中のヘモグロビンと結合し酸素の運搬機能を阻害する。
HC（炭化水素）	太陽光により大気中の NOx,O_3 と化合し光化学スモッグを発生する。
NOx（窒素酸化物）	おもに NO,NO_2 で光化学スモッグや酸性雨の原因となる。
CO_2（二酸化炭素）	地球温暖化の原因であり近年問題視される。

エンジンにおいて,その燃焼特性は空気と燃料の比率である空燃比に大きく依存する。燃料が完全に燃焼するために必要となる空気の分子量的な割合は,理論空燃比と呼ばれ,ガソリン 1 に対して空気 14.7 である。エンジン燃焼時の空燃比と有害物質発生の関係を**図 5-4**に示す。

排気ガスの有害物質を抑制する方法には,エンジンの燃焼を制御して抑制する EMS（engine modification system）対策と後処理対策がある。

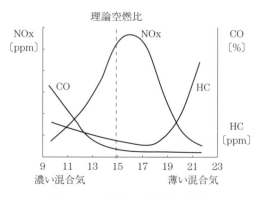

図 5-4 空燃比と有害物質の関係

EMS 対策としては，CO 抑制のためには，酸素不足を避ける必要があり，希薄燃焼域への移行のための措置が講じられる。HC 対策では，燃料の未燃焼を防ぐ必要があり，燃焼条件を理論空燃比付近に維持する必要がある。一方NOx に関しては，燃焼温度が高いほど発生しやすいために，理論空燃比より若干濃い条件で最も発生率が高くなる。したがって，空燃比のみですべてを最適化することはできない。そのため，EMS で発生を抑制できなかった有毒物質をエンジン外で除去する後処理対策が必要となる。

初期の排気対策では，比較的燃料の割合の高い混合気で燃焼し NOx を低減させ，CO，HC に対しては二次空気を加えて反応させるサーマルリアクター方式が採用された。現在では NOx，CO，HC の 3 成分を一括処理する三元触媒が利用されている。三元触媒は，ハニカム構造をもつセラミック表面に，バラジウム，ロジウムなどの有害物質に作用しやすい物質を固定し，CO，HC に対しては酸化を促進させ，NOx に対しては還元反応を促進する。これらの反応を安定に行うためには，エンジン内の燃焼を想定した条件内で安定に制御する必要があり，エンジン内への空気流量や排気中の酸素濃度などさまざまな情報が利用されている。

〔2〕 **省エネルギー化技術**　さらに自動車に対しては，燃料の消費に対する走行距離の長いこと，すなわち燃費の良いことが要求されている。燃費を良くするためには，自動車の重量を減らすこと，走行の際の抵抗を減らすこと，そしてエンジンの効率を上げることなどが必要である。

自動車の重量を減らすために，一般的に利用される鋼より軽いアルミニウム（鋼の約 3 分の 1 の比重）の利用が考えられるが，材料や加工のコストや技術的な問題のために，シリンダーブロックのアルミ化が一般的に行われているが，自動車全体のアルミ化は現状ではスポーツカーなどの高級車に対して行われているのみである。

走行抵抗を減らすためには，自動車の形状を工夫して空気抵抗を減らすことや，最近では走行抵抗を減らしたタイヤの開発などが行われている。

エンジンの効率を良くするためには，高圧縮比化，シリンダー内吸気流の制

82　　5.　サステイナブル設計・製造

御による燃焼効率の向上や，摺動抵抗ロスや冷却ロスの低減対策，ポンピングロスを低減するアトキンソンサイクルの採用などさまざまな手法が用いられている。

　自動車の低燃費化技術において，ハイブリッド車（hybrid vehicles）の開発は，現在の省エネルギー自動車実現の最も重要な技術の一つと考えることができる。ハイブリッド車は，内燃エンジンとモーターを備え，基本的にエンジンで自動車を駆動するが，減速の際の運動エネルギーを電気エネルギーに変換して蓄え，再加速時にこの電気エネルギーでモーターを駆動し，エネルギーのロスを減らす方式である。1997年にトヨタがハイブリッド専用車プリウスの販売を開始したのが，その実用化の原点と考えることができる。高エネルギー密度で安全性の高いバッテリーの開発や，エンジンとモーターの効率的かつ高い安全性を満足する制御技術など，さまざまな技術開発が行なわれた。当初は“販売すれば販売するだけ赤字になる”などといわれていたが，現在ではトヨタの国内販売に占めるハイブリッド車の割合は40％半ばにもなり，主力製品として成長した。さらに，バッテリー容量を増やし商用電源からの充電機能を備えたハイブリッド車は，プラグインハイブリッド車と呼ばれ，日常生活でよく利用される数10km程度の距離では，エンジンを始動することなくバッテリーのみで移動できるが，価格の問題で一般的に普及するまでには至っていない。

　一方で，小排気量エンジンにターボチャージャー（排気駆動タービン）やスーパーチャージャー（動力駆動タービン）を追加し，自然吸気エンジンより多くの混合気をシリンダーに送り込み燃焼させることで，大排気量のエンジンと同等の出力を高い燃費効率で実現するダウンサイジングターボ技術も利用されている。また，実際の走行時には，渋滞によるストップアンドゴーが頻繁に生じる。自動車停止時のエンジンの駆動はすべて無駄となるため，自動車の停止時にはエンジンが自動的に停止し，走行開始時に自動的にエンジンが始動するアイドリングストップ機能が実現されている。アイドリングストップ機能の歴史は意外に古く，乗用車の場合には1970年代には販売されていたが，特に

近年の省エネルギー志向やガソリン価格の大きな変動のため，乗用車の標準的な装備の一つとなりつつある。また，その技術は，エンジンの再起動時の低燃料消費はもちろんのこと，動作の安定性や応答性など著しく向上している。

5-4 環境問題に対する自動車製造工場に関する技術開発

各自動車メーカーは，できるだけ低コストで大量の自動車を生産できるように，その製造法を工夫して工場を発展させてきた。特に，各種工作機械の自動化や専用機械化により，製品の高機能化・高精度化に対応してきた。一方で，製品の低価格化に対応するために，製造プロセスの見直しが行われている。例えば，エンジンやトランスミッションに用いられる軸や歯車などの部品は，高い精度が必要なために，旋盤やホブ盤などを用いて機械加工する必要があったが，切削加工はコストが高く，これに代わる方法が検討され，冷間鍛造技術が開発された。例えばエンジンの部品の一つである歯車は，従来は旋盤などを用いて切削加工により形状が整えられた後に，歯車専用の加工機であるホブ盤を用いて加工されていた。これに対して，要求される精度や材料が対応可能な場合には，金型を用いて常温で塑性加工を行う冷間鍛造が利用されている。この加工法では材料を加熱し造形する鍛造を行うことなく，短時間かつ高精度で仕上げることができ，大幅なコスト削減が可能となった。

近年では，この様な個々の製造プロセスの改善だけでなく，工場全体の省エネルギー化，CO_2 排出低減，水資源対策などさまざまな対策がとられている。これらの各メーカーの取組みについては，環境レポートなどでその方法と効果を確認することができる。

5-5 製品の環境配慮設計からサステイナブル工学へ

現在，各自動車メーカーは環境に配慮し，さまざまな取組みを行っている。最も基本的なものは，3R（reduce, reuse, recycle）をめざした製品設計であ

※ MPa は Mega Pascal の略で，鋼板の強度の種類を示す。

図 5-5　自動車の軽量化（reduce）の例
〔写真提供：スズキ株式会社〕

り，reduce は自動車の減量化による減（軽）量化による燃費向上と CO_2 排出量の削減で，図 5-5 に示される。

つぎに reuse（再利用）に関しては，廃車の部品をユニットとして再度利用する取組みである。また recycle（リサイクル）は，材料として使いやすくする取組みである。現在では，設計の際に廃車時の reuse，recycle のしやすさも考慮される。

5-1 節で述べたように自動車産業は，人々の快適で幸福な生活を支え（people），また各企業の利益（prosperity）を生み出しているが，その産業を支える資源，特に燃料としての資源や，排気ガス中の有害成分や CO_2 の問題などを完全に解決することはできていない。

そこで各メーカーは環境配慮をさらに進めた，次世代の自動車の開発・販売にも取り組んでおり，真の意味で地球に優しい自動車社会の実現（planet）を模索している。

日産自動車や三菱自動車などは，電気自動車（electric vehicle）の開発・販売を行っている。電気自動車は，家庭用商用電源や全国に整備中の充電スタンドで充電することにより，走行中の排気ガスの排出をゼロ（ゼロエミッション）にできる。現在，充電スタンドは約 15 000 か所（2015 年 7 月）存在する。し

かしながら，電気自動車で利用する商用電力の発電は，その多くが化石燃料を主体とする火力発電（88％，2013年度）であり，大局的に見ると化石資源の枯渇や地球温暖化問題をクリアしていない。

他方，トヨタやホンダは燃料電池車を開発・販売している。燃料電池車では，水素を燃料とすることで，走行中の CO_2 などの排気ガスをゼロにできることや，ガソリンエンジンと同等の燃費のよさ，あるいは充填時間の短さなどが，メリットとして挙げられている。経済産業省資源エネルギー庁が推進する水素を利用した新しい社会基盤の構成[6]を**図 5-6** に示す。

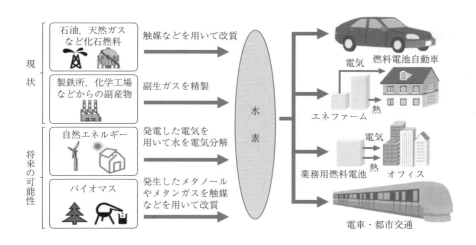

図 5-6 水素を利用した新しい社会基盤の構成[6]

ただし，図からもわかるように，水素の化石燃料に頼らない効率的な製造方法の開発については今後の課題であり，政府は研究助成を行っている。さらに政府はこれら次世代自動車の普及のため，各種補助を行っているが，販売台数は非常に少ない。これは，補助があっても次世代自動車の価格が相対的に高く，また給油ステーションの整備不足などによる利便性の低下などが考えられる。そのため，サステイナブル社会の実現には，企業による技術開発と政府による社会基盤の整備，さらにユーザーの理解が不可欠となる。

理解を深めよう

5-1 環境報告ガイドラインについて調査せよ。

5-2 自動車メーカーのサステイナブルレポートを入手し以下を行え。
   a) 複数のメーカーのレポートから，環境に配慮したクルマ作りに対する取組みについてまとめよ。
   b) 同じメーカーの最新のレポートと過去のレポートから，エネルギーの使用量と水の使用量を調べ，どのような工夫で削減しているか調査せよ。

5-3 各メーカーが次世代自動車と位置付けて開発している自動車の燃料とその特徴をまとめよ。

5-4 自動車以外の身近な製品について，リサイクルの状況がどのようになっているか調査せよ。

6. サステイナブル電気電子工学

　日常生活で消費されるエネルギーの大部分を電気エネルギーが占めている。特に，家庭部門で消費される電気エネルギーの割合は，1965 年の22.8%から 2010 年の 51.0%への増加しており[1]，今後も増加が予想される。電気エネルギーは，80%以上が石油などの化石燃料により生成されている。埋蔵量の指標には経済的に採掘できる量を 1 年間の算出量で割った可採年数が使われ，最も多い石炭でも 100 ～ 200 年程度で資源の枯渇が懸念されている[2]。また，燃焼時に放出される二酸化炭素は地球温暖化の主因となり，高排出が続くと 2100 年に世界の平均温度は 2.6 ～4.6℃上昇し，沿岸部の水没，異常気象と自然災害の多発が予想されている[3]。

　化石燃料の使用を抑制し，快適で安全，安心な持続可能（サステイナブル）社会を実現するために，電気電子工学がはたす役割は大きく，それらは，つぎの二つに大別される。

　① 電気エネルギーを効率良く発電・送電し，需用者に届ける供給サイド

　② 提供された電気エネルギーを効率良く使う需要（利用）者サイド

以下 ① の供給面を 6-1 節サステイナブル電力システム，② の利用面については 6-2 節電力の利用で述べる。

6-1 サステイナブル電力システム

　2011 年 3 月 11 日に発生した東日本大震災は被災地に甚大な被害をもたらしただけでなく，福島第一原子力発電所では炉心冷却が停止し，建屋喪失など深刻な事故が発生した。原子力発電の安全性の見直しが求められ，国内 54 基の原子力発電所が順次停止することとなった[4]。図 6-1 に示すように，2010 年に全電力の 28.8%を占めていた原子力は，2013 年度には 6%以下となり，石油など使う火力発電の割合は，62%から 88%へと増加した[4]。

88   6. サステイナブル電気電子工学

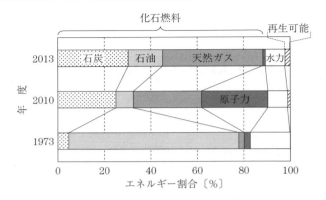

図 6-1　日本の電源構成の推移[4]

　化石燃料は，資源枯渇の可能性があるだけでなく，日本では90％以上を海外に依存しており，さらには地球温暖化の主因を発生する。また，原子力発電は安全性の見直しが必要となり，新規の建設が難しい一方で，国内の発電所が炉心寿命の40年を迎えることから発電量は減少していく。今後，持続的（サステイナブル）なエネルギー体系を維持していくためには，自然界に存在する太陽光などの再生可能エネルギー（renewable energy）を大幅に増やす必要がある。再生可能エネルギーを実現するための新規産業を創出し，海外資源に依存しないエネルギー体系，二酸化炭素を発生しない環境負荷低減を実現することが望まれる。

　また，再生可能エネルギーを積極的に活用するという観点から，発電・送電さらにはエネルギーの有効活用までを一体で構築するスマートグリッド（smart grid）が提案され，宮古島などの離島で実用化が進んでいる。さらに，都市部においては，街全体でエネルギーの有効活用に取り組むスマートシティの実証実験が進められている。

〔1〕**従来の基幹発電**　火力，水力，揚力は，現在の発電で中心となる発電方式で，一日の電力使用量の変化に伴い，つぎのように使われている。**図 6-2**は夏の一日の電力需要の推移を示した図である[5]。電気エネルギーは蓄えることができないため，発電力と消費量は同じとなる。20時から8時ごろまでは

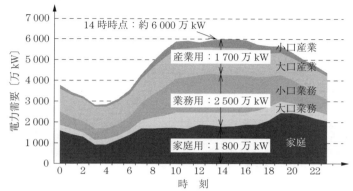

注1:送電ロス分約10%を含む。
注2:ここで「14時」とは、14〜15時の平均値を指す。以下同じ。

図 6-2 夏季最大ピーク日(2010年7月23日,東京電力管内)の需要カーブ推計[5]

エネルギー使用量は比較的安定しているが,生産活度が活発化し,室温調整としてエアコンが稼働する10時から15時にかけてはエネルギー使用量が急増する。

こうした変化に対してエネルギーを安定供給するため,それぞれの特性を反映した発電方式が組み合わされる。夜間に使用されるレベルのベース供給能力としては石炭火力,原子力など一定量を安定発電する方式により電力が供給される。夜間から徐々に電力が増加していく時間には,液化天然ガス(LNG:liquefied natural gas)などのガス火力を起動しミドル供給能力へと発電力を増加していく。さらに,10時から15時では短時間で起動することができる石油火力や揚水発電の稼働によりピーク供給能力を確保している。以下,それぞれの発電方式の特長について述べる。

(**a**) **火 力 発 電** 火力発電による発電量は東日本大震災後には88%となり,既存の発電方式では最大の割合を占めている。発電で使われる燃料は,石炭,石油,LNGの3種類であり,それぞれの燃料資源の特徴を**表6-1**にまとめた。燃料の埋蔵量を示す可採年数は石炭が最も長くなっている。一方,LNGでは発生する二酸化炭素が石炭の半分と少ないだけでなく,液化過程で

90   6.　サステイナブル電気電子工学

表 6-1　火力発電燃料の比較

項　目		石炭	石油	LNG
確認可採埋蔵量[6]		8 609 億トン	1.7 兆バレル	187 兆 m³
可採年数〔年〕[6]		109	53	56
汚染物質放出[2]（石炭 100 の相対値）	CO_2	100	80	57
	SO_x	100	68	0
発電コスト〔円/kWh〕（2014 年モデルプラント試算）[7]	設備利用率	70%	30 〜 10%	70%
		12.3	30.6 〜 43.4	13.7
2013 年度発電割合〔%〕[4]		34.3	16.8	48.9

硫黄分が除去されるため硫黄酸化物（SOx）が放出されず，環境負荷が最も低い燃料である[8]。このため，図 6-1 に示すように，1973 年度に化石燃料による発電（火力発電）において 91.2%で最大割合を占めていた石油は，2013 年度には 16.8%に減少し，その代わり，石炭および LNG がそれぞれ 34.3%，48.9%と増加した[6]。

　一般的な火力発電は，燃料による火力で蒸気を発生させ，高温・高圧のタービンを回しており，汽力発電と呼ばれている。これに対し，燃料ガスを直接タービンに送り込んでタービンを回すガスタービン発電がある。高圧の空気と燃料を混ぜて燃焼させてタービンブレードを回転する方式で，ジェットエンジンと同じ原理である。また，発電効率を高めるための方式として，コンバインドサイクル発電がある。1 100 〜 1 500℃の高温燃焼ガスでガスタービン発電を行った後，タービン排熱（約 550℃）を利用して蒸気タービンを回し発電する方式である。コンバインドサイクル発電のエネルギー変換効率は 50 〜 60%と高く，さらには設置面積が小さく出力調整が容易なため，多くの発電所に導入されている。

（**b**）　**原子力発電**　　自然界に存在する元素のなかで，最も質量の大きな元素であるウランの核分裂による熱エネルギーを取り出し，蒸気タービンを回して発電するのが原子力発電である。ウランには核分裂を起こしやすいウラン 235（^{235}U）と，起こさないウラン 238（^{238}U）がある。天然ウランには ^{235}U が 0.7%

含まれており，これを3～5%に濃縮して燃料として使う。^{235}U に中性子を衝突させると，熱エネルギーと2～3個の中性子を放出し，この熱エネルギーで水を加熱する。

原子力発電は発電コストが安く，燃料投入後は数年間使用できることから国内のエネルギー自給率を一時的に高める発電として期待されてきた。また，^{235}U の可採年数は83年であるが，燃料を再処理することで500年程度利用できるといわれてきた[9]。使用済みとなった ^{238}U は，中性子を浴びてプルトニウム239に変わる。これを取り出し，二酸化プルトニウムと二酸化ウランを混合して新しい燃料（MOX 燃料（mixed oxide fuel））とする方法が，プルサーマルと呼ばれている。

しかしながら，燃料の再処理利用は進まず，使用済み核燃料や放射性廃棄物の処理方法も決まっていない。さらには，廃炉に必要な費用を含めると発電コストは大幅に高くなるという指摘もあり，東日本大震災以降は原子力発電を順次減らしていく政策が検討されるようになった。

（c）　水力と揚水式発電　　水力発電では，ダムの上流から低いほうに水を流し，水車で発電機を回して発電する。1960年代には総発電量の約40%を占めていたが，現状では10%程度となっている。再生可能エネルギーの一つであり，発電効率も約80%と高く，電力需要に合わせて出力を容易に調整できるというメリットがある。しかしながら，国内で経済的に利用可能な水資源が110 000 GWh/年であるのに対し，80 000 GWh/年が開発済みである。70%の水資源がすでに開発されており，さらなる開発は難しい状況にある[10]。

揚水式発電は，夜間の余剰電力を利用して，低い所にある貯水地の水を高い貯水池に揚水しておき，電力需要に合わせて発電する方式である。図6-2に示したように，ベース供給力として夜間にも発電は行われており，この余剰電力を使って揚水する。昼間の電力需要が増加する時に発電することで，電力需要のピークに対応することができる。

〔2〕　自然エネルギー発電　　自然エネルギーは，太陽エネルギーや地熱エネルギーなど，持続可能性を有したエネルギーのことで再生可能エネルギーと

も呼ばれている。太陽エネルギーは，地表を温めることにより風を起こして風力となり，さらに，水を蒸発させて雨を降らせ，降った雨は水力となる。また，森林を育みバイオマスエネルギーとなる。地熱は，温泉として古くから活用されており，これは高温の蒸気として活用できる。このように，自然エネルギーの利用形態は，多種多様であり，各種の発電（太陽光発電，風力発電，地熱発電，水力発電，バイオマス発電など）や熱の利用（太陽熱，地熱，バイオマス），燃料としての利用（バイオ燃料など）を含んでいる。こうしたなか，近年特に，太陽光発電，風力発電の導入量が急激に増加している（**図 6-3**）。

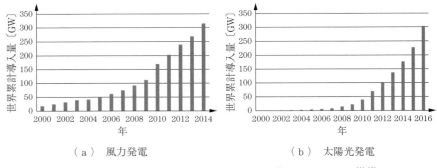

（a）風力発電　　　　　　　　　　（b）太陽光発電

図 6-3　世界の風力発電および太陽光発電の導入量のトレンド[11)-13)]

太陽電池を用いた太陽光発電や風力発電において，効率良くエネルギーを取り出すためには，太陽電池や発電機の効率を高効率化するとともに，太陽光の強さや風速に応じた最適な負荷を接続しなければならない。例として**図 6-4**に太陽電池の出力特性（電流電圧特性）およびそのとき得られる電力を示す。図 6-4 に示すように，太陽電池の出力特性は電圧と電流に依存していることがわかる。

したがって，ある決まった電圧と電流（矢印で示された点）で最大電力が得られる。つまり，この点で特性が交差する負荷を接続したときのみ最大電力を太陽電池から得ることができる。光量が増加すると短絡電流 I_{sc} が大きくなり，その特性は，おおよそ上方へ平行移動した特性となるため，最大電力が得られ

る動作点は光量にも依存する。通常，太陽電池に照射される光の光量は，朝や昼，晴れや曇りのように，大きく変動する。このように光量や負荷が変動する環境下においても効率良く太陽電池から電力を得るためには，太陽電池自体の効率を上げるとともに，太陽電池から見た負荷特性を調整する機能が必要である。負荷特性を調整するための装置として電子素子の一つであるスイッチングレギュレータなどを応用した最大電力点追従（MPPT：maximum power point tracking）装置がある。これは，太陽電池と負荷との間に接続される。照射される光量や負荷が変動

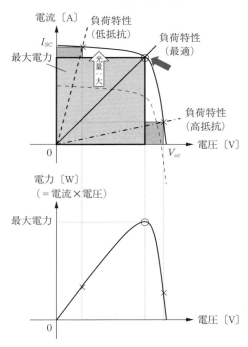

図 6-4 太陽電池の出力特性と電力

し最大電力が得られる動作点が変化した場合にも，つねに最大電力が得られるように負荷特性を調整することにより，太陽電池から最大電力を得ることができる。太陽電池を用いた太陽光発電では，このような電子デバイスの機能を利用することにより高効率な発電を可能としている。これは風力発電でも同様である。

以上のように，自然エネルギーを実際に発電に応用するためには，電子デバイスや蓄電池を含めたシステム全体の高効率化が不可欠であり，電子デバイスや，システム全体を制御するマイクロプロセッサなどの電子技術がそれに大きく貢献している。

〔3〕 **エネルギーハーベスティング**　エネルギーハーベスティング（energy harvesting）技術とは，光，熱，振動，電磁波など，周囲の環境中に存在する

94   6. サステイナブル電気電子工学

エネルギーを収穫し（ハーベスティング），電力に変換する技術のことである。別名，環境発電技術とも呼ばれる。

エネルギーハーベスティング技術を広義にとらえるならば，太陽光発電，風力発電，地熱発電などの大規模な再生可能エネルギーの発電技術もその範疇に入ることになるが，通常，エネルギーハーベスティング技術は，これらの基幹系電力になり得る発電量の大きい発電技術とは異なった位置付けでとらえられる。すなわち，一般にエネルギーハーベスティング技術の範疇とされるのは，発電量は小さいながらも，消費電力の小さい小型の電子機器向けの自立電源となりうるような発電技術である。

したがって，エネルギーハーベスティングの最大の意義は，周囲の環境中に存在するエネルギーを収穫して電力に変換することによって，充電や電池交換が不要となる分散型の（すなわち，配線不要の）自立電源を実現することにある。このような自立電源の実現は，高度経済成長期に建設された多くの老朽化したインフラの状態を常時モニタリングする自立型のセンサなど，さまざまなアプリケーションを生み出す可能性があり，今後，エネルギーハーベスティング技術の発展が期待される。

図 6-5 は，広義から狭義までのエネルギーハーベスティングの用途を，発電量と発電コストの二つの評価軸のもとに模式的に示したものである[14]。図において，μW ～ W 程度の発電量の小さい用途，すなわち，モバイル機器やユビキタスネットワーク（ubiquitous network）向けの自立電源としての用途が，一般的な（狭義の）エネルギーハーベスティングの用途である。これらの用途の発電は，発電量の大きい発電技術よりも発電コストが高くはなるものの，省エネルギー（「環境との調和（planet）」）や利便性の向上（「生活の質の向上（people）」）や繁栄（「経済の活性化（prosperity）」）に貢献することのできる，いままでにない新しい可能性をもっている。

エネルギーハーベスティングの適用の一つとして，省エネルギーのためのスマートグリッドでの活用が挙げられる。スマートグリッドにおいては省エネルギー制御のために各種のセンサ類が必要となるが，そのための独立電源として

6-1 サステイナブル電力システム

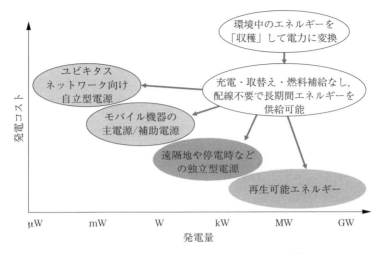

図 6-5 エネルギーハーベスティングの用途[14]

活用できる可能性がある。同様に，例えば人が近づくことの困難な過酷な環境や危険な場所におけるセンサ類の独立電源として活用できる可能性もある。また，さまざまなウェアラブル機器や携帯医療機器の自立電源としての活用も期待される。そのほか，ユビキタスネットワークやセンサネットワーク（sensor network），さらにはモノのインターネット（IoT：internet of things）における自立電源など，利便性の向上や安全で安心な社会の実現に向けて，さまざまな応用の可能性がある。

エネルギーハーベスティングにおけるおもなエネルギー源（発電方式）としては，光エネルギー（光発電），熱エネルギー（熱発電），振動エネルギー（振動発電），電磁波エネルギー（電磁波発電）の四つがある。光発電はいわゆる太陽電池を用いた発電（太陽光発電）で，太陽光のほか，白熱灯，蛍光灯，LED照明などの室内光を用いて発電することが可能である。すでに電卓，腕時計などでも用いられており，適用範囲が広い。

熱発電は熱エネルギー（温度差）を活用する発電で，温度差によって起電力を生じる熱電素子（ゼーベック素子）を用いた発電方式である。モータやエン

96　　6.　サステイナブル電気電子工学

ジンで発生する熱，さらには工場の廃熱などを利用して発電することが可能である。

　振動発電の代表的な発電方式として，電磁誘導発電と圧電発電がある。電磁誘導発電は，コイルと永久磁石の相対運動の際に発生する誘導起電力を利用する発電方式であり，マイクロフォンにおける音声信号（電気信号）の発生と同等の原理である。これには押しボタンによる発電などの用途がある。圧電発電は，力を加えた際に発生するひずみによって起電力が生じる圧電素子を用いた発電方式であり，人が歩く際の圧力を利用した発電などが可能である。

　電磁波発電は，電磁波のエネルギーを利用する発電方式で，テレビ，ラジオ，携帯電話，無線 LAN などの電波を利用して発電する。その際には，電波をアンテナで受けて整流するレクテナ（整流器つきアンテナ）と呼ばれるデバイスを利用する。原理的には，いわゆる電磁波給電における受電機構と同じ仕組みであり，遠隔した場所における自立電源への適用が可能である。

　エネルギーハーベスティング技術が注目されるようになった背景として，近年，電子機器の低消費電力化が進められたことが挙げられる。すなわち，電子機器に用いられる電子デバイス，光デバイス，メモリ，さまざまなセンサや無線回路の低消費電力化が進められた結果，エネルギーハーベスティング技術による発電量の小さい発電方式が，自立電源として適用される可能性が拓かれたといえる。また，発電した小さな電力を有効に蓄えるための蓄電技術の進歩も重要である。このように，エネルギーハーベスティング技術は，その発電効率の向上とともに，電子機器やセンサ，ネットワークなどの低消費電力化や，さらには蓄電技術の向上など，さまざまな電子技術の向上によってはじめて有意義な技術となる。

　一般に大きな電力に関連した電気電子技術の進歩は，地球規模の省エネに直接的に貢献する。例えば，冷蔵庫や洗濯機などの家電製品において，電源部分に用いられているパワーデバイスやそれらを用いて構成されるインバータにおける効率の向上は，大きな省電力効果を生み出す。一方，これらに比べてもともと消費電力の小さいセンサや無線回路，ネットワークにおいては，さらなる

低消費電力化を進めても，絶対量としての省電力効果は前者ほどには大きくはない．

しかし，後者の低消費電力化をさらに進めることで，エネルギーハーベスティング技術がより有意義な技術となり，その結果，例えば，スマートネットワークにおけるセンサ応用などによって間接的に非常に大きな省エネルギー効果に貢献することができる．また，電子機器の低消費電力化によって，センサネットワークやモノのインターネットをはじめ，あらゆる状況や場所で，利便性が高く，安全で安心な社会を実現するのに大きな貢献をすることができる．このように，あらゆるレベルで低消費電力化を進めることが，サステイナブル社会を実現するうえできわめて重要である．

〔4〕 再生可能エネルギーの導入と電力系統

（a） **再生可能エネルギーとスマートグリッド** 電力エネルギーは，蓄電池などで蓄える以外に保存することはできず，発電された大容量エネルギーをすべて保存することはできない．このため，**図 6-6** に示すように供給（発電量）と需要（負荷）が同時・同量発生するという同時同量ルールが存在している．供給と需要のバランスは電力系統の周波数変化として現れ，供給が需要より過剰となると増加し，不足すると低下する．火力発電ではこうした周波数変動に対し発電量を自動的に調製するガバナンスフリーの機能をもっており，変動量は±0.2 Hz 以下に制御されている[15]．

太陽光発電や風力発電などの再生可能エネルギーは発電量が天候に左右さ

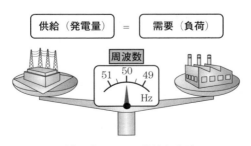

図 6-6 電力エネルギーの供給と重要バランス

れ，大きな供給電力の過不足が発生する．供給量の変動は，系統の周波数変動，電圧変動，さらには停電を引き起こす．産業用，家電用モータには誘導電動機が使われており，その回転数は電力系統の交流周波数に比例している．モータ回転数が変動することで，繊維製造での糸の太さ変動，鉄鋼製造の延伸工程で板厚ムラなどが発生することが報告されている[2]．電圧変動の影響としては，系統電圧が5%変化することで，産業用モータやエアコンが故障することが報告されている[16]．また，供給量増による電圧上昇は，トランスなど送配電機器に仕様を超える電圧印加をもたらし，製品寿命を短くする要因となる．供給量が短時間に減少する場合，不足を補うために発電所への負担が急増し，これに対応できなくなると連鎖的に影響が広がり，広範囲の停電をもたらす[16]．国内では1住戸当たりの年間平均停電時間がアメリカに比べ6分の1以下と少ないが[17]，現代の社会インフラは電力に大きく依存していることから大規模停電の影響はきわめて大きい．

このため，供給量変動に対しても，周波数，電圧を安定に維持するため，電力供給と需要を監視し，調製する機能が必要となる．電力の供給と需要を管理・制御するのがスマートグリッドで，図6-7にその体系を示す．供給と需要側に加えて，蓄電池，スマートメータとディジタル制御システムから構成され，両者をバランスさせる方式である．

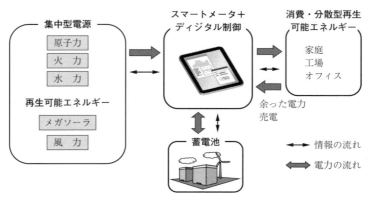

図6-7　スマートグリッド

スマートグリッドを活用して供給・需要を調整するには，供給量調整と需要量調整の2種類の方法がある．供給側による電力調整の一つが，蓄電池の活用である．太陽光が強く需要を上回った場合，過剰電力で蓄電池を充電し，不足時の供給に活用する．一方，需要量調整はおもに電力需要のピーク抑制に使われ，需要者に電力利用のシフトを促す．具体的には，電力ピークの電力料金を高く設定する方法，需要の超過を需要者に知らせ，需要のシフト（デマンドレスポンス：DR）を求める．

こうしたスマートグリッドの活用で，従来の送配電網に再生可能エネルギーを接続することができるようになる．スマートグリッドを発展させ，街全体で再生可能エネルギーを導入する体制を構築していくのがスマートシティである．以下，宮古島に導入されたスマートグリッドの例，横浜市が実証実験を進めているスマートシティプロジェクトについて具体例を示す．

（b）**スマートグリッドの例（宮古島）**　電力を供給サイド，需要サイドから有効活用するスマートグリッドは，離島での実用化が進んでいる．**図 6-8**は，宮古島に導入されたスマートグリッドの構成図である．宮古島には，島の

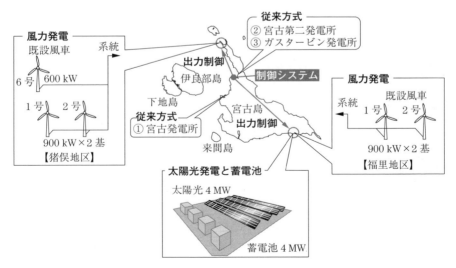

図 6-8　宮古島のスマートグリッド

中央部に ① 宮古発電所（21.5 MW），その北側に ② 宮古第二発電所（40 MW）と ③ ガスタービン発電所（15 MW）がある。従来からの電力供給では，① と ② がベース供給能力となっており，電力使用量の増加に伴いガスタービンを起動しピーク供給能力の電力発電を行ってきた。

　再生可能エネルギーとして，北端の猪俣地区に 3 基の合計で 2.4 MW の風力発電が，南端の福里地区には 2 基の合計で 1.8 MW の風力発電 2 基が設置されている。また，福里地区には，4 MW の太陽光発電パネルが設置されている。再生可能エネルギーでは，風の強弱により風力発電量が変動し，晴れ・曇りの天候により太陽光発電量が変動する。こうした発電量の変動を抑制するため，福里地区には 4 MW の蓄電池が導入されている。③ のガスタービン発電所には，電力系統を監視する制御システムがあり，宮古島の全体でスマートグリッドを制御している。

　再生可能エネルギーによる発電量が増加すると，ガスタービンによる発電を低減あるいは停止し，蓄電池を充電する。一方，再生可能エネルギーが減少すると，蓄電されたエネルギーを放出し，さらに需要が増加する場合はガスタービンによる発電力を増加する。スマートグリッドを活用することで，ピーク供給能力として必要なタービン発電量 15 MW の 50% 以上となる 8.2 MW を再生可能エネルギーで賄うことができる。このように，スマートグリッドは化石燃料の使用量を大幅に削減し，サステイナブル社会を実現するための最も重要な技術の一つとして期待されている。今後，安価で大容量な蓄電池が開発されれば，再生可能エネルギーにより島内の全電力を供給することができ，文字通りサステイナブルなエネルギー体系を実現することができる。

（**c**） **スマートシティの例（横浜市）**　スマートシティは，スマートグリッドを活用し，人，モノが ICT（information and communication technology）でつながった次世代コミュニティである。国内でいくつかの検証が行われており，**図 6-9** に示す横浜市の横浜スマートシティプロジェクト（YSCP：yokohama smart city project）を紹介する。住環境や産業環境の異なる三つのエリアを対象地区に選び，対象人口 40 万人を越える大規模な実証試験となっ

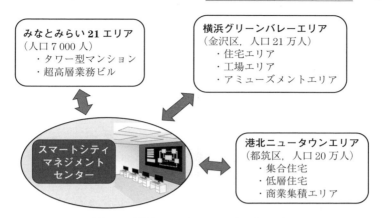

図 6-9　横浜スマートシティプロジェクト

ている。

　みなとみらい21，横浜グリーンバレー，港北ニュータウンではスマートシティマネジメントセンターはICTで接続されている。開発のキーとなっているのはSCADA（supervisory control and data acquisition）と呼ばれる蓄電池システムである。このシステムは，複数の場所に分散しているスペックの異なる蓄電池を，一つの大型蓄池に見立て，蓄電池の充電・放電を制御している。再生可能エネルギーを大量導入するインフラを構築するとともに，デマンドレスポンスの実証も行い，エネルギーコントロールによりCO_2排出量30％削減を目標としている。

6-2　電力の利用

　ICT機器またはシステムの利用によるエネルギーの消費量が増加している。一方，ICTを活用することによるエネルギー利用効率の向上，人・モノの移動の削減，モノの生産・消費の効率化を通じて，エネルギー消費の削減に貢献することが可能であると考えられている。これらの実現には，情報処理機器だけではなく電力機器の制御技術や制御対象のセンシング技術を含めた電気・電子

工学の技術全体が非常に重要な役割を担っている。

〔1〕 **LSI 低消費電力技術**　　大規模集積回路（LSI：large scale integration）は，コンピュータや ICT 機器をはじめとして家電製品から自動車まで幅広く使用されている電子デバイスの一つである。その機能はさまざまであるが，おもに，機器の制御や記憶デバイスとして使用されている。LSI は，トランジスタと呼ばれる信号を増幅したり，電気で電気をスイッチングしたりすることができる半導体素子（通常，抵抗も半導体素子で作られる），キャパシタ（コンデンサ），配線からなる。

集積回路の消費電力を飛躍的に抑制した技術の一つが CMOS（complementary metal-oxide-silicon）技術である。MOS（metal-oxide-silicon）トランジスタは，電界効果型トランジスタ（FET：field effect transistor）の一つで，**図 6-10** に示すようにソース，ドレイン，ゲートという三つの電極からなる。

ゲートに正の電圧を印加したときにソース－ドレイン間が ON 状態になるものを n チャネル MOSFET，逆に，ゲートに負の電圧を印加したときにソース－ドレイン間が ON 状態になるものを p チャネル MOSFET と呼んでいる。

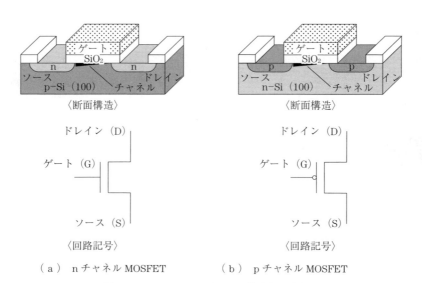

図 6-10　MOS トランジスタの構造と回路記号

CMOS技術においては，これらの相補的な（complementary）二つのトランジスタを用いる。例としてn-MOSFETを用いたインバータ（NOT）回路とCMOSによるインバータ回路を**図6-11**に示す。

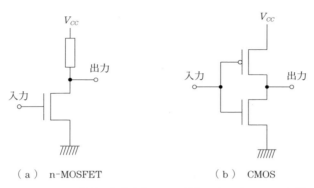

（a） n-MOSFET　　　　　　（b） CMOS

図6-11 n-MOSFETを用いた場合とCMOS技術によるインバータ回路の比較

　n-MOSFETを用いたインバータ回路においては出力がLow時において抵抗に電流が流れ続けており，電力を消費していることがわかる。一方，CMOS技術を利用した場合，p-MOSFETまたはn-MOSFETのどちらかがOFF状態になっており，インバータ回路には電流がほとんど流れず，消費電力を飛躍的に抑制できていることがわかる。さらに，消費電力を抑制するためには，低電圧でトランジスタを駆動することが重要である。ディジタル信号処理では，配線などの容量成分を充放電することによってつぎつぎに信号が伝達され，処理される。一般的に，容量C_Lへの充放電における消費電力Pは，クロック周波数をf_c，動作電圧をV_{DD}として

$$P = C_L f_C V_{DD}^2$$

と表される。したがって，動作電圧を下げることは消費電力を抑制することに効果的であり，CPU（central processing unit）などのLSIの動作電圧は，5V，3Vと低下し，近年では，内部において1V以下で動作させるなど，動作電圧の低電圧化が進んでいる。一方，記憶素子としては，待機時間による電力を抑

制するために，電源供給がなくても記憶を保持でき，ランダムアクセスが可能で高速に読み書きのできる次世代の記憶素子として，トンネル磁気抵抗効果や，印加電圧に依存した抵抗変化を示す材料を用いた MRAM（magnetoresistive random access memory）や ReRAM（resistance RAM）といった不揮発性メモリ（nonvolatile memory）の開発が盛んに行われている。

〔**2**〕 **パワーエレクトロニクス**　以前は，「弱電」，「強電」という言葉があり，「弱電」は LSI やコンピュータに代表されるような電子機器を意味し，「強電」は，電力送電やモータ駆動系を意味していた。つまり，半導体は大電力を扱うことを苦手としていた。これを克服し，「強電」の世界で「弱電」を活用するための技術がパワーエレクトロニクスである。その代表例は，サイリスタやダイオード，バイポーラトランジスタ（BJT：bipolar junction transistor）である。しかしながら，計算や制御が得意な LSI との相性はあまりよくない。これらの素子間の溝を埋める素子が IGBT（insulated-gate bipolar transistor）やパワー MOSFET である。IGBT は，入力部を FET，出力部を BJT として，これらを一つの半導体素子上に構成したものであり，FET と BJT 両方の特性をあわせもつ高電圧応用に適した素子である。さらに，高電圧化に対応するためには，半導体の欠陥密度の低減や炭化ケイ素（SiC）や窒化ガリウム（GaN），ダイヤモンド（C）といったワイドギャップ半導体（wide bandgap semiconductor）と呼ばれる半導体の利用が試みられている。これらの大電力に対応した半導体素子を用いることにより，LED やレーザ，モータなどの大電力を必要とする機器の制御が半導体素子で行えるようなってきている。近年では，電車などにも応用されはじめている。以下，照明，ハイブリット車を例にとってその応用を紹介する。

（**a**）**照　　明**　明治時代まではロウソクや松明，ガス灯などに頼ることの多かった照明設備は，白熱電球の発明や電気インフラの普及に伴って急速に発展し，われわれの生活を一変させた。現在では社会活動，生活や治安などにかかわる社会における重要な基盤インフラとなった。白熱電球は電気エネルギーを用いてフィラメントを高温に熱し，その際に生じる光を用いるもので，

エネルギーの多くを熱や赤外線として放出されてしまうため，照明としての効率が悪かった。これに対して，蛍光灯の発明は高効率な照明機器の実現として画期的な発明であった。蛍光灯では電気エネルギーを用いて電子を管内に飛ばし，管内に入れた水銀原子と衝突した際に生じる紫外線が蛍光体にあたって可視光を生じている。熱による発光ではないため，白熱電球に比べて高い効率を実現するが，エネルギーの変換を繰り返すため，それなりの損失が生じる。

　近年ではさらに高効率なLED（light emitting diode）を用いた照明装置が盛んに導入されている。LEDは半導体素子の一種で，電気エネルギーを直接光に変換できる構造になっており従来の照明器具よりも原理的には最も効率の良い照明装置であるといえる。LEDによって生じる光の波長はLEDを構成する半導体材料によって異なる。1962年に赤色，1972年に黄色，1985年に橙色の光を発するLEDが実用化されており，1993年に青色の光を発するLEDが実現し，これによってさまざまな色の光を発することが可能となった。LEDの特徴として低損失/高効率以外にも，長寿命，小型/軽量という照明設備に適した特徴があり今後が期待される照明機器である。特に東日本大震災以降，節電への意識が高まるなか，企業や店舗に積極的に導入されており，一般住宅への導入も進んでいる。

　LEDを用いた照明装置はいくつかの方式があるが，近年では青色LEDと蛍光体を用いて白色光の照明を実現している方式が普及している。LED照明と従来の白熱電球，蛍光灯との大きな違いは電源にある。電球や蛍光灯は基本的に交流電源で動作するが，LEDは直流電源で動作する。そのためLEDを照明装置として使用するには交流を直流に変換する電源装置が必要となる。前述のようにLED自体は低損失/高効率な特徴をもつが，電源も含めた照明装置全体で考えた場合，電源での損失が多いと従来の照明機器と比べて効率が低くなる可能性もある。また，電源での損失による発熱によりLED自体の効率が下がることもあるため，電源回路の高効率化は重要な課題である。

　LED照明の電力制御はパルスで駆動し，そのパルス幅を変えることによって制御する方式が多く使われている。この方法はパルス幅変調（PWM：pulse

6. サステイナブル電気電子工学

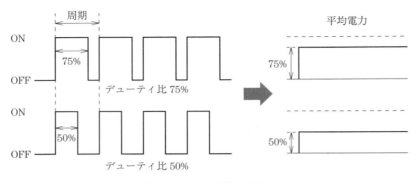

図 6-12 PWM 制御の概念図

width modulation）制御と呼ばれる。PWM 制御は LED 照明の調光だけでなく，モータの速度制御など，幅広く用いられる技術である。PWM 制御の原理を**図 6-12** に示す。パルスの 1 周期のなかでの ON 時間の割合をデューティ比と呼び，このデューティ比を変えることによって負荷に送る電力を変化させ調光を行うことが可能となる。スイッチング素子としてはパワー MOSFET を用いる。近年のパワー MOSFET は高周波スイッチングが可能となり，ON 時の抵抗も非常に低いものが実現されているが，特に高速なスイッチングにおいてはスイッチング損失を考える必要がある。スイッチング損失はスイッチの ONOFF 時にスイッチで消費される電力である。

図 6-13 はスイッチング素子に加わる電圧（ドレイン-ソース間電圧）とそ

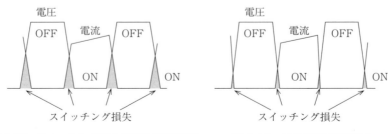

図 6-13 スイッチング素子の電圧/電流変化　　**図 6-14** ZVS/ZCS の概念図

れに流れる電流（ドレイン電流）の変化を示している。消費電力は，電圧×電流であるから，これらの重なる部分では電力を消費することになる。また，急激な電流や電圧の変化はノイズの原因となる。そこでこの電圧と電流の重なりを低減する技術が重要となる。これには共振現象を利用して zero voltage switching（ZVS）や zero current switching（ZCS）などソフトスイッチングと呼ばれる技術が適用され，**図 6-14** に示すようなスイッチング波形を実現することにより損失とノイズを低減する。

損失は熱として機器から放出されるため，例えば実際の効率が90％から95％に上がると損失として発生する熱は半分になる。損失の低減は装置の小型化にも貢献し，全体のパッケージとしての改善に大きく貢献する重要な技術である。LED 照明の高効率化には電源回路の高効率化以外にもデバイスそのものの効率化や光特性を考慮した全体的な最適化が必要となるが，そのなかでも電源回路の最適化は重要な技術である。

（b）　エネルギー再利用　　電車や車，エレベータでは，モータに電力を供給し，モータを回すことで車輪を回転させたり，人を高い場所に移動させたりすることができる。こうしたモータは，逆に力を加えて回転させると電力を発生させることもでき，発電機として機能することになる。例えば，電池式ではない自転車のライトは，人がペダルをこぎ，車輪を回転させて発生した電力で点灯することができ，運動エネルギーを電気エネルギーに変換していることがわかる。実際に，自転車のライトを点灯すると，ライトを点灯させる前に比べ，ペダルをこぐのに力が必要になる（抵抗が大きくなる）のを感じる。こうして発電された電気エネルギーを蓄えることができれば，再度運動エネルギーとして利用が可能となり，エネルギー効率が良くなる。

図 6-15 は，電気自動車（EV）とハイブリッド車（HV）の基本的な構造を示したものである。（ただし，図（b）の HV はシリーズパラレル式と呼ばれるタイプのものである）EV や HV において，モータで車を走らせる場合は，電池からの直流電流をパワーコントロールユニット（インバータ）で交流電流に変換し，交流モータで車輪を回転させるが，走行中にアクセルを緩めたりブ

6. サステイナブル電気電子工学

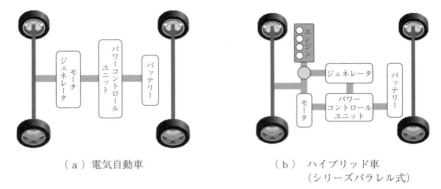

(a) 電気自動車　　　　　　　(b) ハイブリッド車
　　　　　　　　　　　　　　　（シリーズパラレル式）

図 6-15　電気自動車およびハイブリッド車の原理

レーキを踏んだりする際には，車輪の運動エネルギーでモータや発電機を回転させ発電を行う回生ブレーキ（regenerative brake）と呼ばれる仕組みを利用している．

　回生ブレーキが強いと発電量も増え，その分早く減速させることができる．こうした回生ブレーキの強弱は，ドライバーが求める制動力をコンピュータで制御している．現在のハイブリッド車では，ドライバーが求める制動力と回生ブレーキとの差を油圧ブレーキで埋めるように制御するシステムなども用いられている．また，EVやHVでは，回生ブレーキで発電された電力をパワーコントロールユニットで直流に変換し，電池に蓄える仕組みも備えており，電気エネルギーを再度運動エネルギーとして利用可能となっている．現在は電池としてニッケル水素電池が主流だが，リチウムイオン電池の利用も今後考えられている．また，電気二重層キャパシタなどのスーパーキャパシタと呼ばれる大容量のコンデンサを利用する仕組みも効率的なエネルギー回収が可能なことで利用が進められている．キャパシタは内部抵抗が小さく電力を素早く回収できる利点があるが，蓄電容量が少ないため，電池と組み合わせた仕組みやレドックスキャパシタなどさらに大容量のキャパシタの開発が進められている．

〔3〕　**センサネットワーク**　　図6-16（a）に示すように，道路のあちらこちらで，常時，交通状況や路面状況を観測し，これらの情報を共有すること

 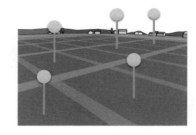

(a) 車車間通信　　　　　　　　(b) 広域農場

図 6-17　センサネットワークの利用例

により，高速道路での玉突き事故，スマホ歩きによる人身事故，路面凍結におけるスリップ事故などの重大事故や渋滞回避などが，より正確な情報をもとに可能となる。これらの技術は「路車間通信」や「車車間通信」と呼ばれ，すでに米国などの先進諸国では試行実験が始まっており，導入義務化も検討されている。

常時・広域に渡る計測網を実現することができれば，先の例に限らず，多くの事柄で効率化や新しい知見の獲得ができる。定義上やや異なるが，民間の天気予報サービスにおける一般モニタを利用した天候把握なども同種の考えに基づいたものといえるだろう。

このような計測システムを実現するためには，通常のコンピュータネットワークは適さない。例えば図(b)のような地域において有線で通信網を構築すると，センサからのまばらなデータ通信以外には使途がなく，広域に使用頻度が低くなり，資源効率の悪いものとなる。このような計測システムを実現するのには，センサネットワークが適している。

狭義のセンサネットワークにおける通信網は無線によるアドホックネットワーク（ad hoc network）と呼ばれる方式のものである（**図 6-17**）。これはバケツリレーのような方式である。通常のネットワークでは固定的に端末間が接続されるが，アドホックネットワークでは近接する端末間を動的に接続する。動的に接続されるため，ある端末が破損などの理由により経路がなくなっても，

6. サステイナブル電気電子工学

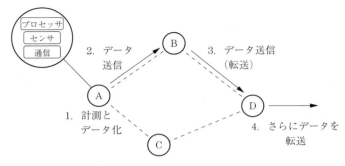

図 6-17 アドホックネットワーク

別の経路を介した通信が可能となる．このようにして動的に生成されるネットワーク上で，自身に届けられたデータを転送することを各端末が繰り返すことで，最終的に目的地へデータを届けることを実現する方式である．

この端末に求められる機能はデータを扱うための処理装置（プロセッサ），通信装置，センサとなる．また，広域に設置するため，安価・手軽に設置できる頑健性などが求められる．

センサは物理的な事象・状態などを電気信号に変換する装置の総称である．例えばマイクは音に対するセンサであり，音＝音圧を電磁誘導などの原理を用いて電圧へと変換する．一般に，センサ単体にはデータ処理・通信の機能は含まれない．

近年，センサの多くは MEMS（micro electro mechanical systems）と呼ばれる半導体製造技術により，プロセッサなどと同じ半導体上に小型・省電力・低価格で実現されている．これにより，プロセッサや通信装置と組み合わせた端末を非常に安価に多数ばらまくように設置することが実用的になりつつある．

またセンサ用電源についても，大変低い消費電力で実現できるようになっている．このため，乾電池などのバッテリーを用いても1年以上といった長期間，保守不要にできる．太陽電池や振動発電などエネルギーハーベスティングの手法を用いて，エネルギー自体も地産地消することで，ほぼ保守不要にすることも可能である．

センサネットワークで得られるデータは膨大となる。近年では IoT／ビッグデータ処理（big data processing）として知られる手法があり，これとの組合せにより，実用的な時間内あるいはリアルタイムの高度な意思決定が可能になりつつある。

6-3　サステイナブル社会の実現に向けた電気電子工学

　電気電子工学は広範囲な領域を含んでいる学問分野であり，化学や機械工学などほかの学問分野との境界領域を多くもつ融合分野でもある。スマートグリッドやスマートシティに代表されるサステイナブル社会を実現するための次世代の技術は，まさに，発電・電力供給システム，省エネルギー技術，LSI 技術，ICT 技術，センサネットワーク技術などさまざまな技術の複合技術である。一見，とても自然に感じる技術であるが，一昔前までは，情報処理を担ってきた LSI は，おもに高電圧を扱うことが不得意であったため，大電力制御システムを対象とした技術との融合が困難であった。そして，近年，これらの融合をめざすパワーエレクトロニクス技術が急速に発展することにより，ハイブリッド車や電車を半導体技術で制御することができるようになり，電力機器の高効率運転が可能となってきている。もちろん，このような技術の発展には，GaN に代表されるような材料面での技術進展など，個々の技術分野の進歩が必要不可欠である。今後，スマートグリッドやスマートシティのようなコミュニティや社会全体を対象とするような大電力ネットワークを構築するためには，大電力用の高速スイッチングデバイスなどさまざまな分野でのさらなる発展が必要であると考えられる。

　以上のように，サステイナブル社会を実現のために，電気電子工学の担うべき分野は多く，さらなる発展が期待される。

6. サステイナブル電気電子工学

 理解を深めよう

6-1 エネルギー源としての性能を表す指標にエネルギーペイバックタイム（energy payback time, EPT）やエネルギー収支比（energy payback ratio, EPR）がある。どのようなものか調査せよ。

6-2 さまざまな発電方式を EPT や EPR といった指標から比較せよ。

6-3 単純な電子機器の低電圧化は，処理速度の低下や信頼性の低下を招く。電子機器の性能を維持しながら，どのように低消費電力化が行われているか調査せよ。

6-4 通信でもレーザ，光ファイバなどのエネルギーや素材を使う。現在，どのような技術があるか調査せよ。

7. ライフサイクルアセスメント

　評価対象の製品などにおいて，その原料となる資源の採掘から素材や部品の製造，組立て，使用そして廃棄に至る一生（ライフサイクル）を通して，環境から採取した資源の量や環境へ排出した物質の量を計算し，地球環境への影響を評価する方法をライフサイクルアセスメント（LCA：life cycle assessment）という[1),2)]。LCA はサステイナブル工学の支柱をなす「ライフサイクル思考」を研究開発や製造の現場に適用した分析評価ツールである。

　本章では，LCA の概要に加えて，国際標準規格（ISO14040 および 14044）に沿って LCA を実施し結果を公開する際に注意すべきポイントなどを説明する[3)]。エンジニアがサステイナブル工学を実践する際には，研究開発中の技術や製品による環境への影響などを測定し，サステイナブル社会の実現に向かう道筋を確認しながら進めるべきであり，そのためには LCA の具体的な実行プロセスを全工学技術者が知っていなければならないと考えるからである。

7-1　LCA の 概 要

　〔1〕　**LCA の構成**　「ライフサイクル思考」に基づき，製品などの環境への影響を分析し評価する科学的なアプローチの有効な手段の一つが LCA（ライフサイクルアセスメント）である。**図 7-1** に全体構成を示す。LCA には「Ⅰ.目的と調査範囲の設定」，「Ⅱ.インベントリ分析」，「Ⅲ.インパクト評価（環境影響評価)」，「Ⅳ.結果の解釈」という四つのパートがある。LCA の目的によっては「Ⅲ.インパクト評価」を省略することも可能である。したがって，「Ⅱ.インベントリ分析」の結果となるインベントリデータから直接「Ⅳ.結果の解釈」に向かう矢印（ルート 1）が示されている。

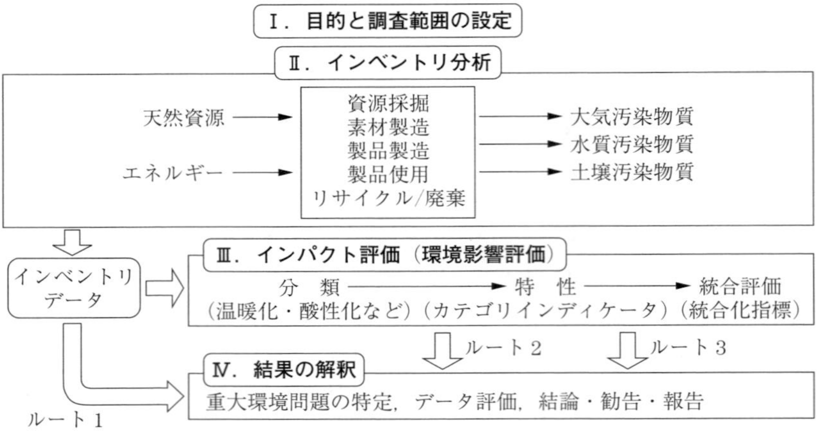

114　　　7．ライフサイクルアセスメント

```
┌─────────────────────────────┐
│  Ⅰ．目的と調査範囲の設定  │
└─────────────────────────────┘
     ┌───────────────────────┐
     │  Ⅱ．インベントリ分析  │
     └───────────────────────┘
```

天然資源 ──────→ ┌──────────┐ ──────→ 大気汚染物質
　　　　　　　　　│ 資源採掘 │
　　　　　　　　　│ 素材製造 │ ──────→ 水質汚染物質
　　　　　　　　　│ 製品製造 │
エネルギー ─────→ │ 製品使用 │ ──────→ 土壌汚染物質
　　　　　　　　　│リサイクル/廃棄│
　　　　　　　　　└──────────┘

インベントリデータ

Ⅲ．インパクト評価（環境影響評価）

分　類 ──────→ 特　性 ──────→ 統合評価
（温暖化・酸性化など）（カテゴリインディケータ）（統合化指標）

ルート2　　　ルート3

Ⅳ．結果の解釈
重大環境問題の特定，データ評価，結論・勧告・報告

ルート1

図 7-1　LCA の全体構成

　最初に取り組む「Ⅰ．目的と調査範囲の設定」では，LCA の目的を決め，その目的に応じて取得するデータの種別（精度）や範囲（制限）を決める。そして，LCA の評価結果が有効となるように調査の範囲を設定する。

　つぎに「Ⅱ．インベントリ分析」では，「Ⅰ．目的と調査範囲の設定」で決めた内容に従って製品のライフサイクル（資源採掘，素材製造，製品製造，製品使用，リサイクル/廃棄）において環境から投入される天然資源やエネルギー，および環境に排出される各種汚染物質の量を計算する。直接的なデータの取得に加え，さまざまなデータベースなどを利用して製品の環境との入出力を定量化する緻密な作業であり，LCA のなかでも最も根気を要する段階である。

　そのつぎの「Ⅲ．インパクト評価」においては，インベントリデータを用いて個々の要素やその組合せがどの程度環境に影響を及ぼすのか，あるいは及ぼす可能性があるのかを計算して評価する。その際，まずインベントリデータを地球温暖化や酸性化といった環境影響の各領域に分類し，それらの領域における影響（環境負荷）を定量化する。この値がカテゴリインディケータである（ルート2に相当）。さらに，この値などから作成する統合化指標を用いた統合評価も可能である（ルート3に相当）。

最後の「Ⅳ. 結果の解釈」では，そこまでの調査や計算の結果（ルート1，ルート2，ルート3）を精査し，結論として表現できる内容を明確にする。具体的な作業としては，まず結果のなかから重大な環境問題の特定を行い，同時に使用した一連のデータの評価を行う。そして最終的な LCA 調査の結論，勧告，報告の内容を決定し，調査報告書にまとめる。

〔2〕　**LCA の歴史**　表7-1 に示すように LCA の歴史は比較的新しく，約50 年前（1969 年）にアメリカでコカ・コーラ社がリターナブルビンと使い捨て PET ボトルを比較した事例が最初であるとされている[2),4]。その後は，まず1984 年にスイス連邦の内務省環境局（BUWAL：Schweizerischen Bundesamt fur Umwelt, Wald und Landschaft）が，金属やガラス，紙類などの包装材料の環境負荷データをまとめた「包装材料のエコバランス」を発表した。さらに，SETAC（Society of Environmental Toxicology and Chemistry）欧州支部の活動や，1991 年にオランダのライデン大学などが「LCA の実施手法とマニュアル」

表7-1　LCA の歴史[2),4]

年	できごと
1969	「飲料容器に関する環境影響評価」（コカ・コーラ米国） 　⇒　リターナブルビンと使い捨て PET ボトルの比較
1984	「包装材料のエコバランス」発表（スイス連邦内務省環境局）
1989	「SETAC（欧州）」設立　⇒　以後，欧州の LCA 研究を牽引
1990	「エコベース包装材料」発表（欧州プラスチック製造協会環境部）
1991 ~ 1992	「LCA 実施手法とマニュアル」策定（SETAC，ライデン大学） 「プラスチック製品の LCA」発表（プラスチック処理促進協会）
1993	「ISO/TC207/SC5」発足　⇒　国際標準化活動開始
1994	「第1回エコバランス国際会議」開催　⇒　日本の LCA スタート
1995	「LCA 日本フォーラム」発足
1996	「International Journal of LCA」創刊
1997	「ISO14040（LCA の原則及び枠組み）」発行
1998 ~ 2002	「LCA 国家プロジェクト」Ⅰ期　⇒　手法，データベースの開発
2001	「産業技術総合研究所 LCA センター」発足
2003 ~ 2005	「LCA 国家プロジェクト」Ⅱ期
2004	「日本 LCA 学会」発足

を公開するなど，本格的な LCA 研究が世界中で進められてきた。

日本では，プラスチック処理促進協会が「プラスチック製品の LCA」を発表したのをはじめ，1994 年に開催された「第1回エコバランス国際会議」を契機として，1995 年には LCA の実践に積極的な民間企業を対象に「LCA 日本フォーラム」が設立された。そして，このフォーラムの提言を受ける形で，通商産業省が LCA の国家プロジェクトを 1998 年に開始した。8 年間にわたるこのプロジェクトには 50 以上の工業会が参加しており，日本の LCA 推進にとって不可欠となるデータベースや方法論の構築に大きく貢献した。また，日本 LCA 学会が 2004 年に設立され，研究発表会開催や学会誌発行などの活動を継続している。

〔3〕 **LCA の国際標準規格**　LCA 関連の国際標準規格は「持続可能な開発のための経済人会議（BCSD：Business Council for Sustainable Development）」が ISO（International Organization for Standardization：国際標準化機構）に対して行った国際標準化の要請を受けて 1993 年に設置された「環境マネジメント技術部会（TC207：Technical Committee 207）」にて取り扱われている。この部会が作成する規格には 14000 〜 14100 の番号が用いられるため「ISO14000 シリーズ」と総称され，サステイナブルマネジメントをめざした環境マネジメントシステムや管理ツールなどの分野における国際標準化を担っている。

図 7-2 は TC207 における規格作成のための「分科委員会（SC：sub committee）」の構成を示している[4]。LCA の最初の国際標準規格である ISO14040「原則及び枠組み」は 1997 年に発行され，現在は 2006 年にまとめられた二つの規格 ISO14040「同上」と ISO14044「要求事項及び指針」が用いられている[3]。これらの規格は SC5 において策定されたものであるが，細部の見直しや適用拡大などについてさらなる議論が進められている。なお，TCG（terminology coordination group）では用語や定義に関する SC 間の調整を行っている。

私たちが LCA を実施し国際的にも認められようとするのであれば，上記の国際標準規格に準拠していなければならないが，この規格では，LCA はいわ

7-1 LCA の 概 要   117

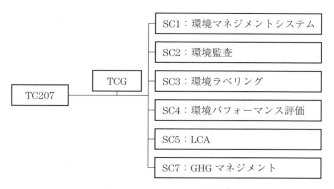

図 7-2 ISO/TC207 の構成[4]

ゆる製品だけではなく鉄道の運行などのサービスも評価できるとされている。すなわち，規格に記述されている product（製品）という用語にはサービスが含まれるのであり，さらには製造プロセス（工程）や組織活動なども LCA による評価が可能となっている。日本語での製品には市場に出ている商品，それも個々の物体のようなイメージがあるので限定し過ぎないように注意が必要である。

また，組織活動に関する LCA の国際規格化については現在も検討されているところであり，この場合は製造し販売された製品の使用や廃棄の状況まで大規模な調査が必要となる。通常はこうした追跡調査は時間的にも経済的にも困難であるため，なんらかのシナリオ（推定）を作成して調査を遂行する。個別の製品においても状況は同様とはいうものの，提供している製品やサービスの種類，数量が多くなればなるほど LCA の精度が低くならざるを得ない点にも留意しなければならない。

図 7-3 は国際標準規格において LCA の四つの段階と定められている「目的と調査範囲の設定」，「ライフサイクルインベントリ分析」，「ライフサイクル影響評価」，「解釈」の関係を示している（図7-1はこの図を基本としている)[3),4]。これら四つの段階はおたがいが矢印で結ばれており，満足な結果が得られるまで各段階を反復しながら分析評価を進めなければならない。ここで，

7. ライフサイクルアセスメント

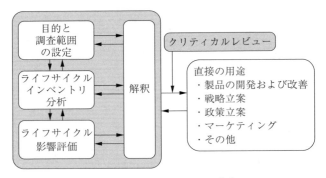

図 7-3　LCA の四つの段階[3),4)]

環境から採取した資源の量や環境へ排出した物質の量のみを知ることを目的とするなら「ライフサイクル影響評価」を実施しなくてもよく，この場合のLCAは「ライフサイクルインベントリ調査」と呼ばれる。また，LCA結果をなんらかの外部目的に使用する際には，第三者による「クリティカルレビュー」が必須とされている。

7-2　LCA の実施方法

〔1〕 **目的と調査範囲の設定**

（a）**目的の設定**　　国際規標準規格では，LCAの目的に関して以下を設定するように要求している。

① 意図する用途：「社内で次期製品の企画検討の参考にする」，「ホームページなどに掲載して一般に開示する」など，LCA結果の用途を設定し，文書化する。

② 実施する理由：「二酸化炭素の排出量を現行製品より削減するため」，「工場の環境負荷削減努力を一般に伝えるため」など，LCAを実施する理由を記述する。

③ 結果を伝える相手：「社内の製品企画担当者」，「一般の消費者」など，LCA調査の結果を伝える相手を考える。

また、一般に開示することを意図する「比較主張」を行うかどうかについてもこの時点で決定しておく必要がある。「比較主張」とは、規格に「ある製品と同一の機能をもつ競合の製品に対する優越性又は同等性に関する環境主張」と定義されている行為であり、一般への開示を意図する場合には、後述する「重み付け」の禁止や「クリティカルレビュー」における利害関係者を含むパネルの設置など、要求事項の基準が厳しくなるからである。

(b) **調査範囲の設定**　LCA の国際標準規格では、調査の対象となる製品のライフサイクル全体を「製品システム（product system）」と称している。単に製品と呼ぶと、ライフサイクル全体なのか個別のプロセスなのか混同する場合があるからで、本国際規格特有の用語といえる。したがって、**図 7-4** に示すように、「製品システム」には資源採掘（原材料採取）から廃棄まではもちろん、通常は各プロセスで使用されるエネルギーの製造プロセスなども含まれる[4]。つまり、LCA はこれらのプロセス全体について調査を行うのであり、この範囲を「システム境界（system boundary）」と呼ぶ。

調査範囲の設定ではこの「システム境界」を設定することになる。図に示したように、自然界から「製品システム」に入る物質（資源）の流れ、または「製品システム」から自然界に出る物質（排出物質）の流れ（入出力量）を「基

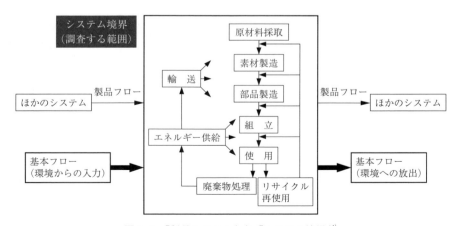

図 7-4　「製品システム」と「システム境界」[4]

本フロー（elementary flow）」と呼び，「ライフサイクルインベントリ分析」に
おいて定量化する。調査の対象である製品に間接的に関係があるが，調査対象
とはせず「システム境界」の外に置かれたプロセスについては，「ほかの製品
システム」として記述しておかねばならない。

「基本フロー」としてなにを定量化するのかは LCA 調査の目的による。例え
ば，目的が二酸化炭素排出量の算定であれば，各プロセスから環境への出力と
して二酸化炭素だけを調査すればよいが，地球温暖化への影響を評価するのが
目的ならほかの温室効果ガス（メタン，亜酸化窒素など）の排出量も調査する
必要がある。LCA は製品の環境調和性を評価するために活用される場合が多
いが，目的に応じて「システム境界」や「基本フロー」などの調査範囲を適切
に設定しなければならない。

〔2〕 ライフサイクルインベントリ分析

（a） 分析の手順　「システム境界」を設定したら，その内部の全データ
を収集して分析する「ライフサイクルインベントリ分析（life cycle inventory
analysis：LCI，以下は単にインベントリ分析と略す）」を行う。調査対象とな
る製品などに直接関係するフォアグランドデータ（一次データ，後述）を
LCA の実施者が測定し，間接的に関与するバックグランドデータ（二次デー
タ，後述）については既往のデータベースや文献などを引用して分析を行うプ
ロセスである。

国際標準規格が推奨するインベントリ分析の手順はおおむね以下のとおりで
ある。

① **データ収集の準備**：まずプロセスフロー図を作成し，それをもとにシス
テム境界内に存在する各プロセスの入出力項目をまとめた調査票を作成
する。

② **データの収集**：調査票に基づきフォアグランドデータを収集する。また，
目的に合致したバックグランドデータを作成する。

③ **妥当性の確認**：収集したデータについて入出力の物質収支を検証し，デー
タの収集や整理における誤りを排斥する。

④ **単位プロセス，基準フロー量への関連付け**：各プロセスの入出力量を基準フロー量（調査対象となる製品の機能を実現する量）に合わせて算出し，決定する。

⑤ **データの集約**：対象となる製品などのライフサイクル全体の値として理解するため，調査の目的に鑑み，上記の計算結果を必要に応じて集約する。

⑥ **「システム境界」の精査**：「システム境界」を精査し，各プロセスや入出力データの整理を行う。この結果，必要であれば収集データなどを見直し，再度分析を実施する。

（b） 入出力データ　製品などを構成する材料の種類と重量，実際に工場で使用されているエネルギーの種類と消費量，輸送に用いられる手段と輸送距離などのように LCA の実施者が比較的容易に収集できるデータをフォアグランドデータ（一次データ）という。一方，調査の対象である製品などに間接的にかかわり，通常は実測できない素材やエネルギーの製造などに関するデータをバックグランドデータ（二次データ）と呼んでいる。この2種類のデータにおける選択の的確さ，数値の精度，処理の適切さが LCA の精度にそのまま影響する。

　バックグランドデータにおいては，特に素材やエネルギーの製造に関する資源の採掘まで遡って計算したデータが原単位データと呼ばれ，大変使い勝手が良い。フォアグランドデータとして収集した素材やエネルギーの消費量にそれぞれの原単位データを乗ずることにより，上流まで考慮した入出力データが簡単に算出できるからである。複数の素材やエネルギーの原単位データを集積した各種のデータベースが公開されているので，適宜入手して利用する。ただし，これらのデータベースからインベントリ分析に必要とする原単位データを選定する際は，評価する素材などのデータ収集方法と既往のデータベースで採用している「システム境界」が一致しているかどうかを確認する必要がある。なお，先に述べた国家プロジェクトの結果は，その多くが日本国内の多様な物質やエネルギーの製造，輸送などにかかわる原単位データとして活用されている。

122　　7. ライフサイクルアセスメント

　ある製品のインベントリ分析の計算例を**表7-2**に示す。本例では各プロセスの出力として二酸化炭素の排出量だけに着目している。なお，各データはあくまでも説明用に作成したものであり，バックグランドデータも含めてすべて架空の数値である。

表7-2　インベントリ分析の計算例

ライフ サイクル	入出力 項　目	フォアグラウンド データ		バックグランドデータ		二酸化炭素排出量	
		入出力量	単　位	原単位	単　位	計算値	単　位
材料の 製　造	ステンレ ス鋼板	$1.37E+01$	kg	$5.20E-02$	kg-CO_2/kg	$7.12E-01$	kg-CO_2
	ポリプロ ピレン	$4.90E+00$	kg	$6.40E-01$	kg-CO_2/kg	$3.14E+00$	kg-CO_2
	電子回路	$3.50E-01$	kg	$1.02E+01$	kg-CO_2/kg	$3.57E+00$	kg-CO_2
	ガラス	$2.70E+00$	kg	$4.50E+00$	kg-CO_2/kg	$1.22E+01$	kg-CO_2
製品の 生　産	電力	$6.80E-01$	kWh	$5.13E-01$	kg-CO_2/kWh	$3.49E-01$	kg-CO_2
	C重油	$2.50E-01$	L	$3.25E+00$	kg-CO_2/L	$8.13E-01$	kg-CO_2
輸　送*	輸送距離	$3.50E+02$	km	$2.20E-01$	kg-CO_2/トン km	$1.67E+00$	kg-CO_2
	輸送重量	$2.17E-02$	トン				
使　用	電力	$8.60E+01$	kWh	$5.13E-01$	kg-CO_2/kWh	$4.41E+01$	kg-CO_2
	都市ガス (13A)	$5.90E+02$	L	$2.70E-03$	kg-CO_2/L	$1.59E+00$	kg-CO_2
廃　棄	埋立て	$2.17E+01$	kg	$4.80E-03$	kg-CO_2/kg	$1.04E-01$	kg-CO_2
					合　計	$6.82E+01$	kg-CO_2

＊　輸送は「積載率100％」を想定

　図7-5に示すように，分析例をグラフ化するとその状況がよりわかりやすくなる。本例の製品では「使用」の際に排出される二酸化炭素が最も多く，二番目が「材料の製造」における排出である。したがって，製品の改善案としては，第一に稼働時の省エネルギー化をめざし，つぎに材料を見直すとよいと判断できる。改善効果は，ほかへの影響も含め，そのつどインベントリ分析を行って確認する必要がある。

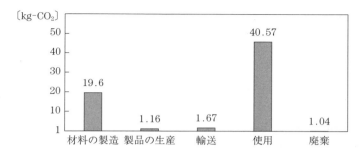

図 7-5 分析例のグラフ表示（ライフサイクルにおける二酸化炭素の排出量）

〔3〕 ライフサイクル影響評価

（a） **評価の手順**　「ライフサイクル影響評価（life cycle impact assessment：LCIA，以下は単に影響評価と略す）」では，インベントリ分析の結果を用いて地球環境に与える影響を定量化し評価する。いい換えれば，煩雑な数値の羅列であるインベントリ分析の結果を私たちが理解できる情報に変換するのである。ただし，ここでいう影響はあくまでもポテンシャル量を意味しており，確実な影響量として提示しているわけではないことに注意する[5]。

国際標準規格が規定する影響評価の手順はおおむね以下のとおりである。

① **影響領域と影響領域の指標および特性化モデルの選択**：調査範囲で決定
② **分類化**：インベントリ分析の結果を環境影響領域に分類
③ **特性化**：特性化係数を用いて領域指標（カテゴリインディケータ）を算出
④ **正規化**：領域指標をその地域における影響全体に対する寄与度に変換
⑤ **グルーピング**：特性化や正規化の結果を必要に応じてグループ化
⑥ **重み付け**：領域（グループ）を重み付けして評価対象の環境影響を一つの数値に統合

規格では，影響評価を行うのであれば「特性化」までは必ず実施しなくてはならないが，「正規化」や「重み付け（統合化）」は LCA の目的に応じて決定する，と定められている。なぜなら，上の①から③までは科学的な根拠に基づいているが，④から⑥までの間にどうしても主観的な価値判断が入ってき

124 　　7.　ライフサイクルアセスメント

てしまうからである。したがって，一般に公開することを意図した「比較主張」においては「重み付け」は禁止されている。なお，影響領域の選択に関しては特に規定されてはいないが，例えば，7-3 節で後述する「エコリーフ」では，主要な環境負荷として，温暖化負荷（二酸化炭素換算），酸性化負荷（二酸化硫黄換算），エネルギー消費量（MJ）などを表示するように推奨している[6]。

（b）　環境影響の統合評価　　「特性化」の結果は領域指標（カテゴリインディケータ）として表現される。地球温暖化への影響や酸性化に対する影響（ポテンシャル）が数値化されるのである。これは純粋に科学的な数値であり現時点で最も信頼性の高い評価だといえるが，領域指標間の相対的な評価はできない。つまり，それぞれの影響領域における評価結果をプロファイルとして1枚のグラフなどに示すことは可能だが，総合的に判断するのは一般に困難である。さらに正規化を行えばその地域における領域指標の相対的な深刻度の理解には少し参考になるかもしれないが，やはり評価対象の総合評価は不可能である。

　そこで，多様な影響領域の評価結果を一つの数値に統合し，評価対象の全体的な環境側面を理解しやすくするための統合化手法が開発されている。個別の領域指標では製品などの環境側面の一面しか把握できないため，評価の目的が地球温暖化やオゾン層破壊への影響，あるいは固有の資源枯渇に関する対応策の検討のように限定されている場合を除き，LCA の原則である包括性に対する懸念が生じてしまうからでもある。したがって，8章で説明する「環境効率」などのように，製品などの総合的な価値との間で大まかな対比をしたい場合などは，より網羅的な統合評価を実施するほうが好ましい場合も考えられる。もちろん「重み付け」の段階で複数の影響領域のなかで影響領域間の相対的な重要性を決定する際に主観的な価値判断を避けられない，といった問題に十分な注意が必要となる。

　統合評価（統合化指標）は，「重み付け」の手法の違いにより，① インベントリ分析型，② ミッドポイント型，③ 被害算定型の3種類に分類できる[4]。具体的には LCA のどの時点の計算結果を用いて「重み付け」を行うかによっ

て決まるが，それぞれ下記に示すような特徴があるので，評価の目的に応じた使い分けが必要であろう。

① **インベントリ分析型**：インベントリ分析の結果（環境負荷物質の排出量や資源の消費量）ごとに「重み付け」の係数を設定し統合化する手法である。例えば，地域における物質ごとの削減目標値と現状との差（distance to target）による「重み付け」を行って統合化指標を求める。

② **ミッドポイント型**：「特性化」の結果（領域指標）を「正規化」して「重み付け」を行う手法である。また，当該技術の専門家や当該問題の担当者や経営者などが集団で検討して「重み付け」を行う「パネル法」もこの手法に含まれる。

③ **被害算定（エンドポイント）型**：実際に被害を受ける「保護対象（エンドポイント）」を想定して被害量を推定し，その被害量に対して「重み付け」を行って統合化指標を算定する手法である。先の国家プロジェクトなどを通して開発された「LIME（life cycle impact assessment method based on endpoint modeling, 日本版被害算定型環境影響評価手法）」はこの手法を用いており，「保護対象」として人間社会に関連する「人間健康」と「社会資産」，生態系に関連する「生物多様性」と「一次生産」の四つを採用している[7]。この手法では，科学的根拠に基づく計算だけで「保護対象」における被害量が推定され，一般にその数も少なくできるため，「重み付け」の影響を比較的小さくすることが可能である。

〔4〕 **解　　　釈**　「解釈」では，多種多様な分析評価の結果を LCA の目的に沿って整理して，調査の結論として提示すべき重要な事項を特定して声明文（statement）を策定する。国際標準規格では，計算に用いたデータなどの完全性と整合性を検証するとともに，算定結果について「感度分析」を実施するように定めており，これらの検討結果を的確に反映した報告書を作成しなければならない。

完全性の検証では，「システム境界」は目的を適切に反映して設定されているか，インベントリ分析で収集したデータに漏れはないか影響評価の計算に抜

けはないか，といった項目を確認する。また整合性の検証では，インベントリ分析で扱ったデータの精度や適用範囲がそろっているか，複数の配分方法間にくい違いはないか，リサイクル処理に関する「システム境界」は正確に設定されているか，といった項目を確認する。もし問題が見つかれば，適宜四つの段階をさかのぼって修正し，再評価を行う必要がある。

「感度分析」では，計算に用いたデータやシナリオの不確かさがどの程度分析評価の結果に影響を与えるのかを調べる。ここでいう不確かさとは，データが一定値とは限らない，シナリオが変化する可能性がある，といった状況を指している。したがって，これらの数値を想定範囲内の幅で変化させて，結果の数値がどのように変わるのかを確認する必要がある。そして，この変化を最大限盛り込めるように結論を構成し，LCA調査の結果全体としても精度や効力を高めるのである。

最後に，結論だけではなく実施したLCA調査の内容を報告書にまとめる。結論に影響を与え得る条件や採用した各種方法論の考え方，結果の適用される範囲などの制限事項も含め，四つの段階において実施した内容を，透明性や追尾性の確保の観点から詳細かつ明確に文書化しておかなければならない。

報告書の完成によってLCA調査は完了する。ただし，この後の「クリティカルレビュー」を経て初めて「目的と調査範囲の設定」において定めた「意図する用途」への適用が可能になる。国際標準規格では，第三者によるチェックなしに結果を応用すべきではないとの判断から「クリティカルレビュー」を課している。

7-3 調査結果の公開

〔1〕 エコリーフ　　LCAの調査結果が確定したら報告する必要がある。組織内部への報告ではなく一般に対する報告（公表）を行う場合は，前述した「比較主張」を伴わないのであれば「エコリーフ」という制度を利用するのがよい。LCAにより判明した結果，すなわち，製品などが有する地球温暖化，

酸性化，オゾン層破壊，水質汚濁などの環境負荷，さらにはエネルギーや資源の消費といったさまざまな環境特性に関する情報が開示される制度で，産業環境管理協会により 2002 年より運営されている[6]。

「エコリーフ」を通じて公開される製品環境情報には「製品分類別基準（product category rule：PCR）」が定められている。PCR は製品などの種別ごとに定められた共通の算定基準であり，LCA を実施する際の「システム境界」やデータ取得方法などの前提条件を同一にして計算上のばらつきを抑えている。このように，同じ分類に属する製品の環境特性を基本的に同一条件で計算して，LCA の実施と結果の比較を少しでも容易にするように配慮されている。日用品や衣料品に限らず，複雑なプロセスを経て製造される工業製品や建築構造物，耐久消費財などに加え，情報通信，運輸，流通といったサービスなども対象になっている。

〔2〕 **カーボンフットプリント**　LCA は多くの負荷要因を網羅的に取り扱う評価手法であるため「エコリーフ」では一つの製品に対して膨大な数値データを公開しているが，一般の消費者には調査結果が理解しにくいという指摘もある。そこで，多様な環境負荷のなかから特徴的な数値に絞り込んで提示する方法も実施されている。この場合，着目する環境影響領域を抽出して個別に表示する方法と，多くの影響項目を統合して単一の数値などに置き換えて表示する方法とに大別されるが，ここでは個別の指標について紹介する。

「カーボンフットプリント（carbon footprint of products：CFP）」は，製品やサービスの原材料調達から廃棄，リサイクルに至るまでのライフサイクル全体を通して排出される温室効果ガスの排出量を二酸化炭素に換算して合計し，商品の表面にその数値を提示する仕組みになっている。**図 7-6** に示すように，LCA の手法を用いて算定する[8]。右側の秤のマークの上部に表示された「123 g」が「カーボンフットプリント」の値であり，この商品はライフサイクル全体で 123 g-CO_2，すなわち，二酸化炭素に換算して 123 g 相当の温室効果ガスを排出するという計算結果を表している。マークは簡明で数値も単一なため理解はしやすいが，計算の背景となっている前提条件や算定の方法論が不明であるた

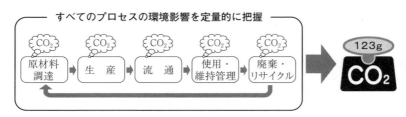

図 7-6 「カーボンフットプリント」の計算方法(左)と表示マーク(右)[8]

め，ホームページなどで詳細な情報を確認するなど，誤った判断をしないように気を付けなければならない。

「カーボンフットプリント」の実施により，消費者は対象となる製品などのライフサイクル全体での温室効果ガス排出量に関する信頼できる情報を入手できる。この結果，地球温暖化に対する関心が高まり，温室効果ガスを考慮した商品の購入や使用，さらには廃棄，リサイクルの最適化につながると期待されている。一方，事業者にとっては，「カーボンフットプリント」の算定により効率的な温室効果ガスの削減が可能になるとともに，より数値の低い「カーボンフットプリント」の表示に向けた削減努力を促す効果もあると考えられている。

また最近では，「カーボンフットプリント」を組織全体，さらには「ライフサイクル思考」を各企業のつながりとして表現したサプライチェーン(あるいは，機能や価値を重視してバリューチェーンともいう)の全体にわたって適用しようという流れが大きくなっており，官民一体で算定ガイドラインを作成してその普及に取り組んでいる。これには

① 合理的な温暖化対策の促進
② 多様な事業者による連携取組の推進
③ 国際標準化の動きに対する日本の考え方の提示
④ 削減貢献を含めた事業者の環境技術等の発信に向けての信頼性向上

といった意義があるとされている[9]。

図 7-7 は，このガイドラインに示されたサプライチェーンにおける排出量

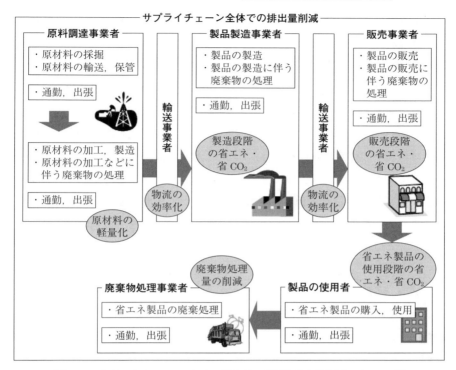

図7-7 サプライチェーンにおける排出量の範囲と排出量削減のイメージ[9]

の範囲と削減のイメージである。サプライチェーン排出量の範囲は，事業者自らの排出量に加え，購入や販売などの事業活動に関係するすべての排出量とされている。製品の原材料調達や加工・使用・廃棄の把握については製品ごとの「カーボンフットプリント」を事業者全体で集約すれば事業者としての排出量になると考えられるが，資本財，出張，雇用者の通勤などに関する「カーボンフットプリント」では一般的に考慮しない排出源についても事業者のサプライチェーン排出量には含まれている。したがって，「カーボンフットプリント」の削減取組みを中心に進めながらも，それ以外の部分での事業者の削減努力が求められる。

〔3〕 **ウォーターフットプリント**　「カーボンフットプリント」と同様に，

LCA の手法によって製品などのライフサイクルにおける水の使用量を定量的に示す指標が「ウォーターフットプリント（water footprint：WF）」である。「ウォーターフットプリント」は，実際にその製品に含まれる水や製造に必要となる水に加え，製品を使用する際に消費される水や廃棄に必要となる水まで含まれ，また水質についても考慮される。

「カーボンフットプリント」では地球上のどこで温室効果ガスが排出されても地球環境への影響は同様と考えられる。しかしながら，水は使用される場所によって環境への影響も大きく異なる。すなわち，「ウォーターフットプリント」には地域の特性を考慮して環境影響を評価する視点を盛り込む必要があり，それだけ結果の解釈も複雑になる。同じ個別指標でも「カーボンフットプリント」とは取り扱いが異なってくる。

 理解を深めよう

7-1 LCA の四つの段階について，図を用いて説明せよ。
7-2 日本における LCA の歴史について詳しく調査し，その特徴を整理せよ。
7-3 LCA に必要なフォアグランドデータ（一次データ）とバックグランドデータ（二次データ）の違いについて，端的に指摘せよ。
7-4 LCA の結果を統合する手法の考え方と注意点について考察せよ。

8. 製品の環境効率評価

　LCA は「ライフサイクル思考」に基づいた環境影響評価手法であり，製品やサービスの環境負荷に関する全体像を把握する場合に有効である。その一方で，製品などが有するさまざまな特徴（価値）についても的確な評価を行って環境への影響と関連付けて評価する手法が提案されており，環境効率と称されている。

　本章では，LCA を発展させ，おもに製品やサービスの people（生活の質の向上）および prosperity（経済の活性化）に対する貢献を定量化して分析する新しい評価手法である環境効率の基本的な考え方とその応用例について，国際標準規格の内容も含めて詳しく説明する。さらには，この環境効率の向上度合いを算定して製品や組織の進化を測定しわかりやすく表現できる指標について紹介し，サステイナブル評価への道筋やサステイナブル工学の実践における針路を提示する。

8-1　環境効率の概要

〔1〕　**環境効率の定義**　　環境効率は，WBCSD（World Business Council for Sustainable Development，持続可能な開発のための世界経済人会議）で提案された，製品やサービスの環境負荷とその価値を同時に評価する複合的な環境影響評価指標である。LCA のように環境への影響を定量化された負荷の大小で評価するだけでなく，製品などが有する機能や性能の向上，あるいは経済面へ好影響（売上や利益の増大，コストダウンなど）といった環境負荷とは異なる基準についても一緒に考慮しようという考えに立っており，環境保全と経済活動の両立をめざす社会システムや企業経営の評価尺度としての活用が可能となると期待されている。

132   8. 製品の環境効率評価

$$環境効率 = \frac{製品・サービスの価値}{製品・サービスを生み出すための環境負荷} \quad (8.1)$$

　一般的には，環境影響を最小化しつつ価値を最大化するという考え方を指標化するため，式（8.1）に示した形式の定義式がよく用いられる。この式は，WBCSDでの議論をもとに，製品やサービスの価値を分子，製品やサービスを生み出すための環境負荷を分母とする分数で「環境効率」を表現している。ここで，分母の環境負荷はLCAを活用して定量化すればよい。一方，分子に用いられる製品などの価値には，機能的価値（性能や品質），金銭的価値（利益や経済効果），美的価値（形状や色），歴史・文化的価値，ブランド価値といったさまざまな価値が考慮されるが，それぞれの価値にふさわしい手法を用いて定量化しなくてはならない。

　製品の環境効率評価に関しては，2012年に国際標準規格（ISO14045）が発行された[1]。この規格では環境効率を「製品の環境性能をその製品の価値に関連付けるサステイナビリティの側面」と定義している（著者，芝池による訳，以下同様）。また，製品の価値として多様な価値の存在を認めており，「たとえ同じ製品であっても，その製品にさまざまな立場でかかわる個々のステークホルダはそれぞれ異なる価値を見出し得る」との前提に立って規格が構成されている。ここでステークホルダとは，例えば製造者，流通業者，小売業者，使用者，投資家などの利害関係者を意味する。したがって環境効率の評価にあたっては，どのような価値を評価するのか，それはどのステークホルダに対する価値なのか，どんな手法により定量化するのか，といった点を適切に設定する必要がある[2]。

〔2〕 ファクターX　　環境効率には，その数値自体よりもそれらの比較において製品間の差別化が顕著になるという際立った特徴がある。新旧二つの製品などの環境効率を比較しその比の値をXとする「ファクターX」と呼ばれる指標を考えてみよう。より具体的には，新製品（評価する製品）と過去の製品（評価の基準となる製品）の環境効率の比を計算し，その数値により新製品の進化の度合いを消費者に対してわかりやすく訴求しようという指標である。

少し式を変形すれば両者の分子どうし，分母どうしを比較しても同じ結果が得られる。新旧の製品間で価値が2倍になり環境負荷が2分の1になっていれば，それぞれの環境効率を特に計算しなくてもファクターは4であるとわかる。これを実際の式で表すと式（8.2）のようになる。

$$\text{ファクター} = \frac{\text{評価製品の環境効率}}{\text{基準製品の環境効率}}$$

$$= \frac{\text{評価製品の価値／基準製品の価値}}{\text{評価製品の環境負荷／基準製品の環境負荷}} \quad (8.2)$$

この指標は，製品などの価値向上と環境負荷削減という二つの重要な側面を同時に評価し，かつ旧製品に対する新製品の進化が簡単な数値（比の値）で示されるところから，製造者と消費者の間のコミュニケーションツールとして有効であると考えられ，日本では90年代から電気製品などの評価に多く用いられてきた。現在では，環境保全と経済活動の両立をめざす組織のアピールや，資源生産性の向上をめざした活動状況を示す指標（尺度）としての利用も多く報告されている[3]。

「ファクターX」を用いれば，例えば新製品の環境に配慮した性能を同等の旧製品と比較した形で簡明に市場に提示できるため，消費者が製品の買い替え時などにおける商品選択に役立てるという目的にかなう。つまり，製品やサービスが有する価値（機能，便益）をその環境負荷との対比において評価しているので，市場のニーズにマッチした商品開発を可能とするマネジメントツールへの適用が容易な，かつ実用的な環境影響評価指標である。これは，環境効率が製品の環境負荷測定にとどまらず，より戦略的なマーケティングに利用できるマネジメント指標であり，新製品の環境に配慮した性能を主張して普及を促進し，企業のイメージと業績を向上させるための重要な経営管理手段として活用できることを意味する。

〔**3**〕　**その他の応用指標**　環境効率の異なる応用例として「CASBEE（建築環境総合性能評価システム）」が挙げられる。これは建築物の環境性能で評価し格付けする手法であり，省エネルギーや環境負荷の少ない資機材の使用と

134　8. 製品の環境効率評価

いった環境配慮はもとより，室内の快適性や景観への配慮なども含めた建物の品質を総合的に評価する[4]。「CASBEE」は

①建築物のライフサイクルを通じた評価をする。

②建築物の環境品質（Q）と環境負荷（L）の両側面から評価する。

③環境効率の考え方を用いて新たに開発された評価指標である「BEE（建築物の環境性能効率，built environment efficiency)」で評価する。

という三つの理念に基づいて開発されている。「BEE」はQの値を縦軸，Lの値を横軸に配してプロットすると，原点と結んだ直線の傾きとしてグラフ上に表示され，Qの値が高く，Lの値が低いほど傾きが大きくなる。「CASBEE」ではこの方向をよりサステイナブルな性向の建築物であると評価している。

8-2　ファクターXの標準化ガイドライン

〔1〕　ガイドラインの制定　日本では 1990 年代から，研究機関や企業において環境効率や「ファクターX」に関する検討と技術開発が精力的に進められてきた。特に電機業界では，世界に先駆けて環境効率の考え方をさまざまな電気製品に適用し，性能や使い勝手の向上と環境負荷の低減を同時に達成した製品について「ファクターX」を用いて訴求してきている。しかしながら，「ファクターX」には各社各様の表示形式や算出方法があり，消費者にとってわかりにくいという欠点があった。そこで業界内で標準化の動きが起こり，2006 年 11 月には 4 製品，さらに 2009 年 3 月には 2 製品を加えた 6 製品に関する「ファクターXの標準化ガイドライン」が制定された[5]。

　最初に制定されたのは，家庭での電力消費量が大きいエアコン，冷蔵庫，ランプ（電球，蛍光灯），照明器具（ランプ含む）の 4 製品であり，電機メーカー数社がこれらの製品について指標の算出方法などを統一した。具体的には，「ファクターX」を算定する際の基本となる環境効率の製品の価値（基本機能により得られる便益の総量）と環境への影響（ライフサイクル全体における温室効果ガスの排出量）について，一定の条件の下で指標算出方式などを統一す

る「標準化ガイドライン Ver1.0」が制定された。ついで「日本環境効率フォーラム」の傘下に「ファクター X 標準化 WG」が設置され，先の 4 製品に洗濯乾燥機とパソコンの 2 製品を加えた 6 製品に関する新たな「標準化ガイドライン Ver2.0」が制定された。

このガイドラインでは，環境効率の分母になる環境負荷を「ライフサイクル全体における温室効果ガスの排出量」に限定している。その理由としては

① 環境への影響をすべて考慮するのは困難である。

②「京都議定書」など国民の関心が非常に高い。

③ 省エネルギー効果をわかりやすく訴求できる。

ことが挙げられている。LCA の定義からすると，地球環境への影響を評価しているのではなくインベントリ分析の個別結果を用いているにすぎないが，「カーボンフットプリント」同様，市場への情報提供としてわかりやすさを重視した判断である。

したがって，この数値の適用範囲には限界があるものの，例えば，過去に販売された自社の同型製品に対する対象製品の価値（機能や性能）の向上と環境への影響（「温室効果ガス」のライフサイクル排出量）の低減という，製品の環境効率の改善度合いを端的に示すことが可能になるため，消費者が同社製品間で買い替えを行うときの目安としての活用が期待される。本ガイドラインは日本の電機業界内での規格である。各国における製品の価値に対する考え方は多様であり，日本の算出方式がそのまま世界標準として承認される訳ではないが，環境配慮製品の国際評価基準に反映するべく，先んじて標準化活動に取り組んだ成果である[6]。

〔**2**〕 **ガイドラインの骨子**　以下，このガイドラインの内容を簡単に紹介する。

① 適用製品は，エアコン，冷蔵庫，ランプ（電球，蛍光灯），照明器具（ランプ含む），洗濯乾燥機，パソコンの 6 製品である。

② 標準化する製品の環境効率指標である「ファクター X」を「共通ファクター」と呼び，以下に示す定義と式（8.3）および式（8.4）により表す。

136   8. 製品の環境効率評価

【定義】「製品の価値」とその製品による「環境への影響」の比で表される
環境効率の，評価製品と基準年度における同種の製品との比

$$環境効率 = \frac{製品の価値}{環境への影響} \tag{8.3}$$

$$共通ファクター = \frac{評価製品の環境効率}{基準年度における同種の製品の環境効率} \tag{8.4}$$

③ 式（8.3）の分子の「製品の価値」は，製品の使用によって得られる特定
の便益（製品特有の機能）の総量とし，製品ごとに規定する。その製品
の主要な機能の性能（基本機能）とその機能が発現される期間（標準使
用期間）の積として表してもよい。

④ 基本機能は，各製品において必ずしも一つに限定しなくてもよいが，原
則として，以下の3点を考慮する。

・標準化する製品の特徴を端的に表すとともに，一般消費者が直感的に
理解できる。

・標準使用期間との積が，製品の価値（消費者への便益）として実質的
な意味をもつ。

・環境効率の分母となる「環境への影響」との間に正の相関があり，分
子と分母の改善に関して，その困難さの度合いがなるべく等しくなる
ように設定する。

⑤ 標準使用期間とは，その製品が一般家庭において通常の使用条件のもと
で標準的に稼動し得る年数や時間，もしくはそれに相当する使用回数な
どとする。

⑥ 式（8.3）の分母の「環境への影響」は「ライフサイクル全体における温
室効果ガスの排出量」とする。

〔3〕 **LCA との関連**   本ガイドラインが規定する環境効率の計算におい
ては，分子を計算する際には基本機能（性能）とその機能を発現する時間（標
準使用期間）を乗じてもよいとされているが，これは分母との関係において理
解する必要がある。**図 8-1** はこの状況を説明する図である。

8-2 ファクターXの標準化ガイドライン　　137

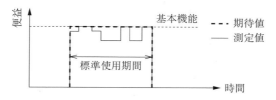

（a）　分子：製品の価値（便益）

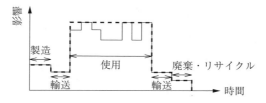

（b）　分母：環境への影響

図 8-1　電気製品の環境効率における分子と分母の関係

　図が示すように，分母の環境負荷が原則として LCA の手法によって算出されるため，一般的には製品の使用時間が長いほどライフサイクル全体での負荷が大きくなってしまう傾向にある．つまり，製品寿命を延ばすことによって環境負荷だけが増加してしまうという矛盾を回避するため，寿命（標準使用期間）が長い製品ほどその価値が大きく算出されるように数式化する必要がある．したがって，環境効率の価値の計算において，LCA のインベントリ分析と同様，分子の計算に使用時間や使用回数を考慮したのである．この結果，本ガイドラインの環境効率の分子と分母が同等の「システム境界」を有することになり，LCA の計算結果との演算に整合性が保たれる．

　また，分母の「ライフサイクル全体における温室効果ガスの排出量」の計算においては，**表 8-1** に示すように，適用する製品のライフサイクルを「素材・部品製造」，「製品製造」，「製品の輸送」，「使用」，「廃棄・リサイクル」という5 段階に分類し，各段階における各項目の温室効果ガスの排出量を算出して総計する．このように，インベントリ計算の中身をある程度統一して，製品間，企業間のばらつきを少なくするように工夫されている．

138   8. 製品の環境効率評価

表 8-1 製品のライフサイクルの各段階で考慮する項目

ライフサイクルの段階	項　目	単位(例)	ライフサイクルの段階	項　目	単位(例)
素材・部品製造	鉄（メッキ鋼板）	kg	素材・部品製造(つづき)	ダンボール	kg
	ステンレス	kg		発泡ポリスチレン	kg
	銅	kg		紙	kg
	アルミニウム	kg		ガラス	kg
	その他金属	kg		その他の材料	kg
	PP	kg		回路基板・電子部品	kg
	PVC	kg	製品製造	製造時のエネルギー消費量	MJ
	PS	kg	製品の輸送	輸送距離	km
	EPS	kg	使　用	消費電力	kWh
	ABS	kg		消耗品	kg
	その他熱可塑性樹脂	kg	廃棄・リサイクル	埋立て	MJ
	ゴム・エラストマー	kg		解　体	MJ
	熱硬化性樹脂	kg		リカバリー	MJ

8-3　環境効率の適用

〔1〕　**個別製品の評価**　　家庭用冷蔵庫における環境効率と上記「共通ファクター」の計算例を示す。「ファクター X の標準化ガイドライン」では，環境効率の分子を対象製品の基本機能と標準使用期間の積で求めてもよいとされている。冷蔵庫の主たる機能は食品などの冷凍冷蔵である。カタログなどでは冷蔵庫の内容積でその能力が示されているが，冷凍能力を正しく反映させるために「調整内容積」と呼ばれる量で示す場合もある。「調整内容積」とは「冷凍室の定格内容積に当該冷凍室のタイプ別に定められた数値（2.2 〜 1.5 程度）を乗じた数値に冷凍室以外の貯蔵室の定格内容積を加え，小数点以下を四捨五入した数値」である。標準使用期間には製品寿命としてカタログなどに記載されている数値を用いる。

　一方，環境効率の分母は「ライフサイクル全体における温室効果ガスの排出

量」と定められている。これは，対象製品がライフサイクル全体で排出した二酸化炭素やメタンなどの温室効果ガスの総量を温暖化係数により二酸化炭素の排出量に換算した数値であり，地球温暖化という環境影響領域において，インベントリ分析の結果を分類化，特性化して合算した領域指標（カテゴリインディケーター）にほかならない。

ここで**表 8-2** に示すような，基準製品（2000 年製）と評価製品（2010 年製）の 2 種類の冷蔵庫を想定する。ともに製品寿命は 10 年とし，基準製品の「調整内容積」は 600 L（リットル）で，評価製品の「調整内容積」は 780 L である。そして，LCA の結果から，基準製品の「温室効果ガス」の排出量が 4 950 kg-CO_2，評価製品の「温室効果ガス」の排出量が 3 200 kg-CO_2 であったと仮定すると，基準製品の環境効率は $10 \times 600/4\,950 = 1.21$（単位省略），評価製品の環境効率は $10 \times 780/3\,200 = 2.44$（単位省略）になる。これらから，評価製品の基準製品に対する「共通ファクター」は $2.44/1.21 = 2.02$ であると計算できる。

表 8-2　冷蔵庫の環境効率の計算例

	製品寿命	調整内容積	温室効果ガス排出量	環境効率
基準製品 （2000 年製）	10 年	600 L	4 950 kg-CO_2	1.21
評価製品 （2010 年製）	10 年	780 L	3 200 kg-CO_2	2.44

〔**2**〕　**組織の評価**　　企業レベルで環境効率を評価することも可能である。例えば，組織としての環境効率を「環境負荷量 1 単位当たりの事業活動量を指し，技術の向上や経済効率性の向上を通じた環境負荷の低減を目指す指標」という環境省の「環境会計ガイドブック」に基づいた定義をして評価すればよい[7]。具体的には，環境負荷として生産部門全体の「温室効果ガス」の排出量や廃棄物の発生量を考慮し，事業活動量として売上高などを考慮した指標を環境効率指標とするような状況が想定される。そして，ある基準年に対してこの指標がどの程度変化するか（向上倍率）を求めれば，「ファクター X」で表現

140   8. 製品の環境効率評価

した場合と同等になる。

また，新製品の開発における社内指標として用いることもできる。例えば，新製品の環境に配慮した性能を標準製品に対する新製品の「ファクター X」の値で与えるといった方法である。さらに，その数値を満足する新製品の比率を企業全体としての目標値に設定するような場合も想定される。こうすれば，製品の種類は異なっていても，各製品の性能基準に照らし合わせた評価が企業全体ででき，基準値を満足する新製品の比率が増加していれば，企業全体の環境に配慮した製品開発活動に関する主張ができるだろう。

8-4 環境効率の国際標準規格

〔1〕 規格の構成   ISO では 2007 年に製品の環境効率評価の標準化に関する議論がスタートし，2012 年 5 月，環境マネジメント規格の国際標準化を進めている ISO14000 シリーズに ISO14045「製品の環境効率評価」が加わった[1]。新しい国際規格のタイトルは「Environmental management―Eco-efficiency assessment of product systems―Principles, requirements and guidelines」である。LCA に関する規格群を扱う ISO14040 シリーズとして位置付けられており，環境効率の評価では多くの重要な LCA の原則（ライフサイクル思考，反復性，透明性，包括性，科学的なアプローチの優先性など）を LCA の国際規格（ISO14040, ISO14044）と共有し，評価のプロセスも基本的に LCA のそれを踏襲している[8]。

本規格（ISO14045）では，環境効率の定義を「aspect of sustainability relating the environmental performance of a product system to its product system value」と明記している。前述のとおり「製品の環境性能をその製品価値に関連付けるサステイナビリティに関する側面」と訳せる。いい換えれば，「製品の環境パフォーマンスをその価値との関連において評価する」必要があり，さらには「環境効率は，製品システムの環境と価値の側面を併行して管理するための実用的なツールである」とも表現されている。

また，他の製品との比較評価を前提とする「環境効率は相対的な概念であり，製品は，他の製品との関連において環境効率的に優位又は劣位になる」との記述もある。このように，環境効率はマーケティングコンセプトや開発指針から評価指標までの多様な形をとり得る広範かつ実効的なマネジメントツールと位置付けられているのである。

図 8-2 に示すように，環境効率評価（eco-efficiency assessment）は，「目的と調査範囲の設定（goal and scope definition）」，「環境影響の評価（environmental assessment）」，「製品システム価値の評価（product-system-value assessment）」，「環境効率の定量化（quantification of eco-efficiency）」，「解釈（interpretation, 品質保証を含む）」の五つの段階で構成されている。LCA における四つの段階とよく似ているが，製品の環境側面と価値を別々に評価したあとで環境効率を定量化する点と，「解釈」の位置が異なっている。LCA では各段階において「解釈」が実施される構成になっているが，本規格では製品の環境負荷と価値を個別に評価したあとの結果として定量化された環境効率に対してのみ「解釈」が実施される。

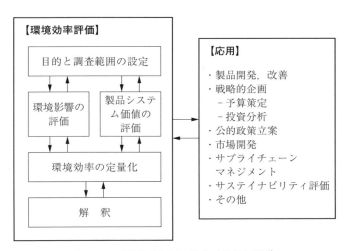

図 8-2　環境効率評価の構成（著者和訳）[1]

142   8. 製品の環境効率評価

〔2〕 **価値評価の導入**   本規格の最大の特徴は，環境マネジメントにおける製品の評価に製品価値（product system value）の概念が導入された点にある[9]。製品価値の定義は「worth or desirability ascribed to a product system」であり，「製品に起因する値打ち又は望ましさ」と訳せる。そして，この定義には「製品価値は機能的，金銭的，美的，その他の多種多様な価値の側面を包含してもよい」という注記が付されている。すなわち，評価者は同一の製品に対してさまざまな観点から価値を認定できるとの理解から，「同じ製品に対し，異なるステークホルダは異なる価値を見出し得る。例えば，消費者に対する製品価値は生産者に対する製品価値とは異なる場合があり，同様に投資家に対する製品価値とも異なる場合があり得る」と明記された。一方で，正しく調査を進めるためには，「評価において使用されるのが，どのステークホルダの価値なのか，どの種類の価値なのか，また，製品価値を決めるためにどの方法を用いるのかを記述しなければならない。それらの価値は，機能単位（functional unit，製品の性能を表す定量化された参照単位）を参照し，環境効率評価の目的および調査範囲に整合するように定量化できなければならない」とも規定された。

表 8-3 には各価値の例とそれぞれを定量化する際の指標の例が示されている。また，それぞれの価値についてはつぎのような説明がなされ，許容範囲が大きくかつ実効的な評価が可能になった。

・製品の機能的価値は利用者およびほかのステークホルダに対する実体的か

表 8-3   光源のライフサイクルに関する価値の例[1]

用　語	例	価値指標〔単位〕
製　品（システム）	光源のライフサイクル	
機　能	照　明	
機能的価値	明るさ	光束〔ルーメン〕
金銭的価値	市場価格	価格〔円/個〕
その他の価値	形	消費者ランキング〔1～5の数値〕

つ計測可能な便益を反映する。機能的価値は製品の機能性能または望ましさを示す数量であり，改善の対象となるものである。

・金銭的価値を，コスト，価格，支払意思額，付加価値，利益，将来に向けての投資，その他の面から表してもよい。

・その他の価値には，美的価値，ブランド価値，文化的価値や歴史的価値といった無形の価値を含み得る。これらの価値は，インタビュー，査定，市場調査などの手法によって決めてもよい。

〔3〕 **比較結果の提示**　環境効率のような複合的な指標の評価においては，環境負荷と価値がともに改善されている場合は問題ないが，どちらか一方のみが改善されているような場合でも複合化指標の値が改善されていればそれでよしとするか，という点が問題になる。一般論としての議論はなかなか収束しないが，本規格では，同じ製造者の製品間の比較という条件付きで，以下のように定めている。

・環境性能および製品価値の二つの側面のうち一つだけに改善または優位性がある場合，環境上の側面と製品価値の側面間にトレードオフが存在する。この場合に環境効率の改善または優位性を報告するためには，トレードオフについて明確に情報伝達し，かつ基礎となる製品価値の前提条件を文書化してその妥当性を説明しなければならない。

これは，同じ製造者の同じ製品シリーズどうしの比較による訴求については，環境効率に関する限り LCA の規格で厳しく制限されている「比較主張（comparative assertion）」の対象外とすればよいとの認識が形成されたことに起因する。なぜなら，新規技術開発における多様性を妨げないためにはある程度の柔軟性が必要であり，最終的には双方とも改善すべきではあるものの開発過程においては例外も認め得る，との理解が生まれたからである。したがって，他社間の製品の優劣を主張するのであれば，環境効率の評価結果は，（価値の優劣にかかわらず）同等またはより良い環境性能を実証するものでなければならない，との規定がなされている。

8-5 サステイナビリティ評価への拡張

このように，環境効率は環境負荷の多寡のみで評価されてきた製品などの環境性能に価値という新しい尺度をもち込んだ。これは，科学的な環境負荷評価手法である LCA を基盤に多様な価値をあわせて評価する仕組みを提供する。サステイナブル社会の実現に不可欠な planet，people，prosperity の相互関係を適切に考慮すれば，サステイナブル社会を駆動する「持続可能な生産と消費」の測定が可能になると考えられる。したがって，製品の環境負荷と経済社会に対する価値，人間生活に対する価値を総合的に評価できるよう，環境効率で開発された評価手法を幅広く展開していく必要がある。

すなわち，planet については LCA を基本に製品の環境負荷を定量化するとしたうえで，prosperity を経済的価値に対応させるとともに，people については製品が提供する機能的価値，美的価値，社会基盤的価値などの多様な価値を考慮するためのさまざまな指標化，定量化を進めるべきである。そして，prosperity と planet を組み合わせて「持続可能な生産」を指標化し，また people と planet を組み合わせて「持続可能な消費」を指標化するとともに，最終的にこれら三つの「P」から構成される新たな統合化指標，あるいは複数の指標を統合する新たな評価方法論を開発するとよいだろう。これにより，サステイナブル社会実現のための実学たるサステイナブル工学の方向性を確認しつつ，個別技術や製品の進化の度合いを測定する方法がもたらされるからである。

ここでサステイナビリティ評価について具体的に考えてみよう。つまり，planet に相当する製品などの環境負荷指標，people に相当する人間生活指標，prosperity に相当する経済価値指標を合理的に組み合わせた関数を作成し，これらの関数を組み合わせてサステイナビリティの評価を行うのである。仮に環境負荷指標を [LCA]，人間生活指標を [LCV]，経済価値指標を [LCC] と記述したとき，「持続可能な消費」という観点からは [LCV]/[LCA]，また「持

続可能な生産」という観点からは $[LCC]/[LCA]$，という二つの関数を定義して，さらにサステイナビリティ評価ではこれらの和である

$$サステイナビリティ = \frac{\alpha \times [LCV] + [LCC]}{[LCA]} \tag{8.5}$$

という新たな関数を定義して評価するという方法が考えられる。αは人間生活指標である $[LCV]$ を経済価値指標である $[LCC]$ と同じ単位（例えば円）に換算するための係数であるが，この係数の選び方により $[LCV]$ と $[LCC]$ の間の「重み付け」も同時に考慮される。このとき，$[LCA]$ をLCAの統合化手法の一つである「LIME」を用いて評価すると想定すれば，単位は円になるので式（8.5）におけるサステイナビリティは無次元数で表現される。そして，この数値（サステイナビリティ）が最大になるような製品を開発すればよいとの考えも生じる。ただし，現実はもう少し複雑であり，このような単純な評価方法では対応しきれない可能性があるため，評価の総合については9章にて異なるアプローチを試みる。

 理解を深めよう

8-1 環境効率では製品の環境負荷と価値を同時に評価するが，価値とは一体どのような概念なのか説明せよ。

8-2 環境効率の応用例を二つ挙げ，それぞれの内容と特徴について調査せよ。

8-3 LCAと環境効率の違いについて，双方の利欠点を考慮しながら整理せよ。

8-4 環境効率の導入によりサステイナビリティの評価にどのような影響があるのか考察せよ。

9. サステイナビリティの評価

　　LCA と環境効率評価手法を用いれば，製品やサービスの多様な側面をた
がいに関連付けながらの評価が可能になる。したがって，製品などが有す
る環境への影響と社会や生活への貢献（価値）を定量化し，これに適切な
指標やデータを組み合わせて総合的なサステイナビリティを評価する手法
の開発に応用可能である。
　　本章では，こうした手法を活用して技術や製品の特性を多面的に評価す
る際に有効となるさまざまな指標を紹介する。これらの指標は，人間の経
済活動に伴って発展していく社会の様相を広範な視点でとらえるため，
planet, people, prosperity の観点から分類されている。さらには，個々
の指標や評価結果を統合する比較的簡明な方法を例示して，技術開発など
の総合的なサステイナビリティを測定し評価する手法について考察する。

9-1　エコロジカルフットプリント

〔1〕　エコロジカルフットプリントとは　　サステイナブル社会を実現する
ために重要となる三つの「P」のうち，planet は「環境との調和」を表してい
る。サステイナブル工学においては技術や製品が有する地球環境への影響を定
量化して評価する必要があり，そのための最適な手法が LCA である。7 章で
は LCA の公開方法として，環境負荷の調査結果を網羅的に提示する「エコリー
フ」とともに，一部の環境側面に着目して提示する「カーボンフットプリント」
と「ウォーターフットプリント」を紹介した。また分析方法としては，多様な
LCA の計算結果に「重み付け」を行って統合的に評価する手法についても説
明した。

　　「エコロジカルフットプリント（ecological footprint）」は統合化評価の一つ
ではあるが，すべての環境影響を対象としているわけではない。「エコロジカ

ルフットプリント」は，人間活動により消費される資源量を分析評価する手法であり，その計算結果は人間 1 人が必要とする生産可能な土地面積（水産資源の利用を含めて計算する場合は陸水面積となる）として表される[1),2)]。この面積は生態系が供給する産品とサービスを合計した値を示しており，耕作地，牧草地，生産阻害地，漁場，森林産物に必要な「生物生産面積（生物生産力)」で構成される。また，海洋が吸収できない二酸化炭素を吸収するために必要な森林面積も含まれている。「生物生産力」と「エコロジカルフットプリント」はどちらも gha（グローバルヘクタール）という単位で表している。

〔2〕　**地球規模のエコロジカルフットプリント**　　生産面積当たりの平均生産量は，技術の進歩，肥料や農薬の投下，灌漑などにより，特に耕作地において顕著に増加するため，1961 ～ 2010 年の間に地球全体の「生物生産力」は99 億 gha から 120 億 gha まで大幅に増加した。しかし，同期間に世界の総人口も 31 億人から約 70 億人に増加したため，私たちが利用できる 1 人当たりの「生物生産力」は 3.2 gha から 1.7 gha に減少した。一方，「エコロジカルフットプリント」は 1 人当たり 2.5 gha から 2.7 gha に若干増加しており，「生物生産力」は世界的には上昇したものの，私たちが必要とする地球の個数に換算すると，1970 年以降は 1 を超えてしまっている[3)]。この推移状況を**図 9-1**に示す。

　2012 年に世界的な環境保全団体である WWF（世界自然保護基金）ジャパンが Global Footprint Network と共同で出版した『Japan Ecological Footprint Report 2012』では，2008 年のデータを詳細に分析し，日本の「エコロジカルフットプリント」について以下のような指摘を行っている[4)]。

① 日本の国民 1 人当たり「エコロジカルフットプリント」は G7 のなかでは最低であるが，世界平均の 1.55 倍に相当する。

②「エコロジカルフットプリント」のうち最大の値（面積）を示すのは二酸化炭素の排出であり，全体の 64% を占める。

③ 需要別では，すべての「エコロジカルフットプリント」の 66% を家庭での消費が占め，その約 20% が食料による負荷である。

9. サステイナビリティの評価

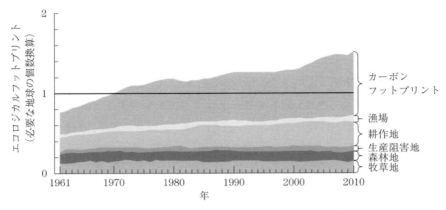

図 9-1 要素別エコロジカルフットプリントの推移[3], †
〔出典：WWF ジャパン『生きている地球レポート 2014 要約版』より〕

④ 日本の食生活を支える生物生産力は 75％を海外に依存し，各国の政策に影響を受けやすくリスクを抱えている．日本人の食料に関しては水産物の負荷の割合が高い．

⑤ 国民 1 人当たりの供給カロリーは，栄養不良が平均 5％以下の国のなかで最も低く，適量といえる．それでも，世界の人々が日本人と同様の食生活をした場合，食料による負荷が示す資源は地球 1.64 個分必要になる．

〔3〕 **周辺地域のエコロジカルフットプリント**　これらとは別に，「エコロジカルフットプリント」は地方自治体や街のレベル，あるいは企業や大学の活動など，私たちを取り巻く環境負荷の評価にも適用できる．大学の活動を例にとってみると，講義や研究活動で消費するエネルギー，教員や学生の生活に必須となる食料品や上下水，スクールバスの運行，施設の建設，ごみの処理，その他さまざまな資源が恒常的に消費されている．多数の人間が集中して資源を消費するため，大学施設という閉じた空間で区切って「エコロジカルフットプリント」を普通の方法で計算すると，その土地面積は大学が占める面積の数

---

† カラーの図は巻末の引用・参考文献に示した URL で確認できる．

9-2 生活品質関連の評価　　149

十倍から数百倍にも上ってしまうだろう。

　上記の結果は大学という特殊な状況に鑑みれば当然であって，問題は要因の明確化と削減対策の効率化にある。「エコロジカルフットプリント」の利点は，さまざまな環境負荷を土地面積という同じ尺度において評価できる点であり，その結果として，例えばエネルギーと食料品という異なる負荷を同列に扱った判断が下せる。7章で紹介した「LIME」では環境への影響を最終的に経済価値に変換して統合化を行う[5]。しかし，「保護対象（エンドポイント）」の選定と被害量の計算過程は複雑で高度なため理解が困難であるという点は否めない。それに対して「エコロジカルフットプリント」は，食料を生産するのに必要な田畑や牧場の面積，二酸化炭素を吸収するのに必要な森林の面積，建物や道路のために植物が生育できなくなった面積といったように，身近な事例を想起しながら換算作業が進められるため，学生や一般の市民が周囲の環境影響を総合的に理解する場合に都合がよい。

　すなわち，地方自治体などの評価に有効なのである。近隣の都市間はもちろん，遠方であったとしても人口や経済規模の似通った都市間での比較には大きな意味がある。数値を比較して競うのではなく，たがいの良い点を参考にして都市計画を策定あるいは見直すという姿勢が必要である。各自治体では経済活動などの状況を広く公開している[6]。住民が自発的に「エコロジカルフットプリント」を算定し，行政に対して公開データの分析結果をもとに意見を述べることも十分可能であり，サステイナブル社会の実現に向けた有意義な活動になるだろう。

9-2 生活品質関連の評価

〔1〕　**機能的価値**　　二つ目の「P」は people であり，「生活の質の向上」という観点から評価を行う。技術や製品が生活に及ぼす影響としては，おもにその製品の使用により得られる便益や快適性などが挙げられる。8章で紹介した電機業界の「ファクターXの標準化ガイドライン」では，対象となる電気

150   9. サステイナビリティの評価

機器の価値を「製品の使用によって得られる特定の便益（製品特有の機能）の総量を示すもの」と規定し，さらには，「その製品の主要な機能の性能（基本機能）とその機能が発現される期間（標準使用期間）の積」という具体的な計算式の例も示している[7]。ガイドラインに示された基本機能，標準試用期間の例を表 9-1 に示す。

表 9-1　電気製品の機能的価値の例[7]

製　品	基本機能	標準使用期間
家庭用エアコン	APF 方式による 冷暖房能力計算式の分子 〔kWh〕	10 年
家庭用冷凍冷蔵庫	調整内容積〔L〕	10 年
ランプ（シリカ電球，電球型蛍光灯）	全光束〔ルーメン〕	定格寿命 〔時間〕
家庭用照明器具（ランプ含む）	全光束〔ルーメン〕	10 年
家庭用洗濯乾燥機（一層式）	洗濯・乾燥容量〔kg〕	7 年
ノートパソコン	処理性能：標準ベンチマークテスト モバイル性：バッテリー持続時間/重量	4 年

　表からわかるように，製品の価値は，その製品の特徴を示す機能や性能を考慮して規定されている。特に基本機能は，製品の特徴を端的に表すとともに一般消費者が直感的に理解できる，標準使用期間との積が製品の価値（消費者への便益）として実質的な意味をもつ，という点を考慮して定められている。さらに，環境効率の分母となる「ライフサイクル全体における温室効果ガスの排出量」との間に正の相関があり，分子と分母の改善に関してその困難さの度合いがなるべく等しくなるように配慮して設定され，各製品が人間生活に与える機能的な価値（便益）として意味付けている。

　さらには，一つの製品が多くの機能を有している場合などに効果的であるとして，複数の機能的価値を一つの数値に統合化して評価する手法も提案されている[8]。例えば，「品質機能展開（QFD：quality function deployment）」と呼ばれる手法は，快適性や安全性など製品やサービスが提供する価値を消費者の視

点で評価する製品企画ツールである。消費者の声と製品の機能や性能を関連付けて市場の要求を技術的な品質特性に展開することにより，消費者が製品から得る総合的な便益を定量化し，設計仕様の決定に反映させるのが統合化の目的である。

〔**2**〕 **その他の価値**　同じ製品・サービスであってもそこから得られる価値は個人によって異なる。8章でも述べたように，同一の製品から異なるステークホルダは異なる価値を見出し得るのである。ここでは，機能的価値以外にも製品から人間生活に与え得るさまざまな価値を評価する場合を考える。**表9-2** はきわめて単純かつ類型的な例にすぎないが，同じようなバッグからどのように異なる価値が生み出されるのかを示している。

表 9-2　バッグが生み出す価値の違いの例

購入地	街の小売店	百貨店	有名ブランド店
機能的価値	モノを入れて持ち運ぶ	同左＋使い勝手がよい丈夫，手触りがよい	同左
金銭的価値（価格）	¥2 000	¥20 000	¥200 000
その他の価値	手軽	美観（包装含む）店舗，店員が快適	同左＋ブランド
環境負荷	小	中	大

　価値には，機能的価値，金銭的価値（価格），その他の価値（例えば，美的価値）といった多様な価値が考えられる。外見は似たようなバッグであっても購入地，店舗，ブランドなどによって購入者に与えられる価値の内容は大きく異なるだろう。一般的には，価格が高くなるにつれて，本来の目的に加えて使い勝手や手触りなどが向上するだろうし，製品の美観や購入時の店舗の環境，店員の応対などもより快適になるだろう。アフターサービスや信頼性の向上に加え，無形ではあるが所有者にとって非常に魅力的なブランド価値にも購入の動機は生まれ，それぞれ生活の質の向上をもたらしている。

　機能的価値は測定（定量化）が容易であったが，美しさや好感度，ブランド

152　9. サステイナビリティの評価

イメージ，歴史的重要性，学問的意義などの多様な価値は，数値的な拠り所を見つけるのが困難であり，定量化ができないとも考えられる。しかし，指標化しないと定性的な評価になってしまい，ほかの評価結果との比較や統合が困難になる。そこでこういう場合は，インタビュー，査定，市場調査などの手法を用いて定量化する。前述の「品質機能展開」で用いている消費者へのアンケートやヒアリング，環境影響の「重み付け」に利用する「パネル法」などはこの例である。

〔3〕　**国際機関の生活関連指標**　おもに技術や製品の使用（普及）により生み出される上記のような価値以外にも，より多面的な視点で人間生活の質に対する評価を実施している例がある。例えば，国連開発計画（UNDP）が毎年発行する「人間開発報告書（human development report）」には，各国の開発の度合いを測定する尺度として，1人当たりのGDP，平均寿命，就学率を基本要素とする「人間開発指数（HDI：human development index）」が掲載されている[9]。この指数は0〜1の数値で表され，1に近づくほどに人間開発が進んでいるとされる。

「人間開発指数」は，保健，教育，所得という人間開発に関する三つの側面に関して，ある国における平均達成度を測るための簡便な指標である。国の開発レベルを評価するにあたっては，経済成長だけでなく，人間，および人間の自由の拡大を究極の基準とするべきであるとされるため，政策を論じるきっかけにもなる。2か国の国民総所得（gross national income）が同水準であっても，平均余命や就学予測年数に差があれば「人間開発指数」の値はこれら2か国の間で大きく異なってしまうからである。

　国連開発計画では「人間開発指数」が0.7以上の国を高度開発国と定めているが，日本は，過去30年間，健康，教育の普及，1人当たりの高い所得によりトップレベルである。**図9-2**は，1章でも同様のグラフを示したように，「人間開発指数」と「エコロジカルフットプリント」を組み合わせて表示した例である[4]。最近の日本は1人当たりの「エコロジカルフットプリント」の増加を抑えつつ「人間開発指数」を引き上げているが，これは福祉の提供におけ

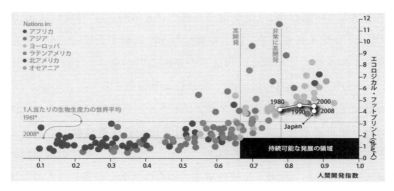

図 9-2 「人間開発指数」と「エコロジカルフットプリント」の関係[4], [†]
〔出典：WWF ジャパン『日本のエコロジカル・フットプリント 2012』より〕

る効率上昇を意味している。2008 年時点の地球で入手可能な「生物生産力」は 1 人当たり 1.8 gha であり，この数値以下であれば地球全体として持続可能な人間開発が可能であると考えられるため，図で右下枠の国々は，資源供給に負担をかけずに高い水準の人間開発ができている国と考えられるが，残念ながら，該当する国はないといってよいだろう。

ほかに，1 章でも紹介したように，OECD が「幸福度指標（BDI：better life index）」を定義して発表している。この指標は，伝統的な GDP 以上に，人々が暮らしを計測，比較することを可能にするインタラクティブな指標であるとされ，暮らしに関する 11 の分野（住宅，収入，雇用，共同体，教育，環境，ガバナンス，医療，生活の満足度，安全，ワークライフバランス）について 36 か国間の比較を実施している[10]。

9-3　社会経済性の評価

〔1〕 **ライフサイクルコスティング**　三つ目の「P」である prosperity では，技術や製品が社会に与える影響のうち「経済の活性化」を中心に考慮す

[†] カラーの図は巻末の引用・参考文献に示した URL で確認できる。

る。環境効率の分子の一つとして考えられているのが金銭（経済）的価値であるが，「ライフサイクル思考」により製品などを評価する際に，その製品がライフサイクル全体でどの程度のコストがかかるのかを「ライフサイクルコスティング（LCC：life cycle costing）」手法により評価する[11]。

図9-3にLCCの概念を示す。ライフサイクルの各段階において，人件費や光熱水費，原材料費などが発生する。LCCでは，各段階においてどのようなコストが発生するかを調査し，合算していく。このとき，製品の販売価格は図の企画・設計段階から流通・販売段階までの全コストを合算したものとほぼ同じだと考えると理解しやすい。中間製品を購入し，その段階で発生するコスト（利益を含む）を上乗せするとつぎの事業者への販売価格になるように，ライフサイクルに沿ってつぎつぎとコストが上乗せされていく仕組みがサプライチェーンである。コストはその段階で付加された価値を意味するためバリューチェーンとも呼ばれる。

ここで重要なのは，いわゆるコストパフォーマンスでは基本的にコストは小さいほうが好ましいが，経済的な影響という点ではコストは大きいほうが好ま

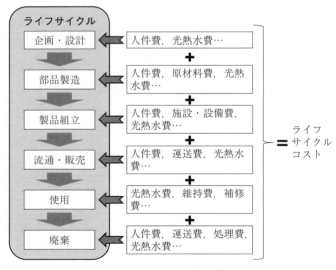

図9-3 LCCの概念[11]

しいと考えられる点である。上述したように，コストとはあくまでも購入側からの視点であり，販売（提供）側から見れば売上高（収入）になる。地球資源が本来有していた金銭的価値とサプライチェーンを構成する各事業者の付加価値との総和が最終的な製品の市場価格に相当するのであるから，製品のライフサイクルにおける総コストが大きければ大きいほどサプライチェーン全体の利益総額も大きくなり，製品が生み出す経済的価値が大きいと考えられるからである。さらに，LCC では製品の使用時のランニングコストや廃棄時の費用についても考慮されるが，これらもまたエネルギーや廃棄サービスを提供する事業者にとっての売上高であり，彼らから見ればやはり大きいほうが好ましい。

このように LCC で求めた値は，調査の目的によって評価が 180 度変わってしまう。環境効率的な考察を行う場合でも，製品が生み出す金銭的価値としてとらえれば大きいほうがよいが，コストパフォーマンスという尺度で考えれば，同じ性能（機能的価値）なら価格は低いほうが好ましい。1 章や 8 章でも述べたが，これらは評価の主体（ステークホルダ）によって見出す製品の価値が異なるという事実に起因する。したがって，だれに対するどのような価値を評価するのかを明確にしなければならないのである。

〔2〕　**経済効率指標**　　LCC をもう少しマクロな視点でとらえると社会経済的な価値となり，多くの場合，コミュニティ（地域共同体）として生み出す金銭的価値，例えば GDP（gross domestic production，国内総生産）などにより表される。従前よりその絶対値の大小で評価されてきたが，近年ではコミュニティ全体のエネルギー消費量との対比において評価される場合も多く，その際は「（エネルギーの）経済効率」または「エネルギー生産効率」と呼ばれている[12]。

図 9-4 は各国の「GDP 当たりの一次エネルギー総供給量（energy intensity）」を示しており，上記「経済効率」の逆数である。各国の一次エネルギー供給量（石油換算トン）を実質 GDP（米ドル，2005 年基準）で除した値であり，図では日本を 1 として正規化している。3 章で見たように，日本全体のエネルギー消費量は依然として高い水準にあるが，GDP の産出高との比較で考えれ

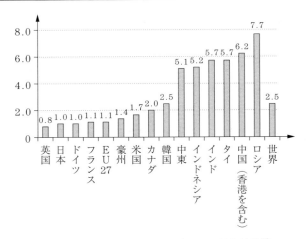

図 9-4 GDP 当たりの一次エネルギー総供給量[12]

ば，必要とする一次エネルギー供給量は海外諸国に比べて少なく，エネルギーの利用効率の高さがわかる。日本はアメリカ，中国に次ぐ世界第 3 位の経済大国であるが，急速な経済成長を遂げている中国やインドと比べて，日本の「GDP 当たりの一次エネルギー総供給量」は約 6 分の 1 であり，省エネルギーが進んだ欧米主要国に比べても遜色のない低い値を示している。

〔3〕 **マテリアルフローコスト会計**　「マテリアルフローコスト会計（MFCA：material flow cost accounting）」は，製造プロセスにおける資源やエネルギーのロスに着目し，そのロスに投入した材料費，加工費，設備償却費などを「負の製品」のコストとして扱い，総合的にコスト評価を行う経済分析手法である。しかしながら，MFCA を使って検討されたコストダウンは，直接的に省資源や省エネルギーにつながるため，資源効率と経済効率の両立を目的とした環境管理会計に活用されている。また，環境マネジメントの国際標準規格である「ISO14000 シリーズ」の ISO14051 として規格化されている[13]。

MFCA の特徴は，製造工程などで発生する廃棄物や不良品のロスを「負の製品（失われた価値）」としてコスト認識する点にある。例えば，原材料の投入量が 100 で加工費が 60 だった場合に，70％が製品で 30％が廃棄物や不良品と

して排出される工程があったとする。通常，廃棄物の処理費用が 20 であれば工程の負のコストは 20 であるが，MFCA では廃棄物にも原材料費などを割り当て，負のコストを $(100 + 60) \times 0.3 + 20 = 68$ と計算する。つまり，ロスを製品（価値）に転嫁せず「負の製品（失われた価値）」として把握することで，コスト削減の効果をより明確化するのである。

9-4 評価手法と指標の総合

　以上，三つの「P」である planet，people，prosperity について，評価手法と評価（測定）結果としての指標の例をいくつか紹介した。これらのなかには，LCA や環境効率における第一の原則である「ライフサイクル思考」が色濃く反映された評価もあれば，調査の期間や範囲が限定的であり間接的に「ライフサイクル思考」が盛り込まれているという程度の評価もある。したがって，こうした手法や指標を用いて技術や製品のサステイナビリティを評価するには，それぞれの特性の違いを認識し，まずは LCA でいう「システム境界」が正しく設定されるように注意したうえで，各評価結果の総合に取り組む必要がある。

　また，比較する対象（技術や製品）間では「機能単位」を可能な限り一致させて評価しなければならない。例えば，白熱電球と LED の「カーボンフットプリント」を比較すると，意外にも白熱電球のほうが値は小さくなる。これは単に LED の寿命が圧倒的に長いという理由による。たとえ消費電力が 10 分の 1 であっても寿命が 40 倍になれば使用時の全消費電力量は 4 倍になってしまうからである。各指標がどのような背景や前提条件で算出されているのかを知らないと，評価は意味をなさなくなる。

　さらには，各視点間の関係性にも十分留意しなければならない。1 章や 8 章では planet と people の関係を「持続可能な消費」，planet と prosperity の関係を「持続可能な生産」として整理したが，さらには people と prosperity の関係，また三つの関係間の相互連関についても慎重な考察が要求される。特に，これらの関係を把握する際のダイナミズムやフレキシビリティについては，サステ

158   9. サステイナビリティの評価

イナブル社会の全体像を追求し続けるなかでつねに評価の妥当性を検討しながら調査結果を解釈する姿勢が肝要であり，「ライフサイクル思考」に加えて「クリティカル（批判的）思考」をサステイナビリティ評価における不可欠な要素として認識しなければならない。

9-5 planet, people, prosperity の統合評価

〔1〕 **各視点の階層構造を考慮した個別評価**   8章で述べたように，環境効率の評価手法を応用すれば，「ライフサイクル思考」に基づく製品の環境負荷と価値についての同時評価が可能になる。したがって，「持続可能な生産」は製品の環境負荷と経済社会に対する価値の間の関係，「持続可能な消費」は製品の環境負荷と人間生活に対する価値の間の関係，というように意味付けて評価を行い，さらにこれらを関数化して統合すればサステイナビリティ評価とみなすことが可能になる。

ここでは，異なる統合評価手法について考察してみよう。例えば，社会における行動規範として「持続可能な生産や消費」という方向性が確認されなかったとしたらどうなるのだろう。その場合は planet, people, prosperity という三つの視点を個別に評価し，それぞれの評価結果を統合する新たな方法論が開発されなければならないと想定されるからである。

そこで再度8章の考察にならい，環境負荷の指標を [*LCA*]，人間生活関連の指標を [*LCV*]，経済価値指標を [*LCC*] と表記する。これまで planet, people, prosperity の三つの視点についてはつねに並列的に扱ってきたが，実際の関係性に鑑みると planet, prosperity, people の順で階層的に成り立っていると考えられる。いい換えれば，幸福な個人生活（people）は繁栄するコミュニティ（prosperity）に属しており，各コミュニティは健全な地球環境（planet）上に存在する。つまり，[*LCA*] のなかで [*LCC*] を考慮し，[*LCC*] の範疇において [*LCV*] が議論されるべきなのである。

この階層構造を**図 9-5** に示す。ここで製品（product）を四つ目の「P」と

9-5 planet, people, prosperity の統合評価

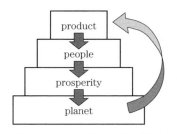

図 9-5 四つの「P」の階層構造

すれば，Ⅰ．product，Ⅱ．people，Ⅲ．prosperity，Ⅳ．planet という順に相互の関連性に立脚し，環境効率における価値と負荷の関係を考慮して評価するのが自然だと考えられる。したがって，四つの「P」の階層的な構造をふまえた個別評価は以下のような形での実施が見込まれる。

Ⅰ．product：product は，技術開発に伴って生み出されるので，まずは本来の技術（主たる機能や性能，またはそれを実現する要素技術）が進化していなくてはならない。

Ⅱ．people：people は，生活の質を向上させるため，正当な対価と引き換えに product から便益を獲得する。ここで，便益とは [LCV] の一つである機能的価値，つまり製品の実質的な機能や性能（要素技術含む）であると考えられる。したがって，新たな product のコストパフォーマンスを示す [LCV]/[LCC] が問われるべきである。

Ⅲ．prosperity：prosperity の視点では，新たな product が生み出す経済効果を評価するとともに環境への影響についても重視される。すなわち，people での評価とは [LCC] の扱いが逆になるが，新たな製品の金銭的価値と環境負荷の比である [LCC]/[LCA] という尺度が必要になる。これは「持続可能な生産」と同じ関数である。

Ⅳ．planet：planet は「サステイナブル・ディベロップメント」をめざす社会の第一義的な目標であるから，新たな product の環境負荷低減が絶対的な判断基準になる。ただし，最終的な改善を条件に，開発途上にあっては一時的な環境影響の増加も認められる。これは，技術の進展に対す

る多様性の確保を目的とした措置である。

〔2〕 **複数のグラフを用いた総合的な評価手法の例**　以上から，各視点における個別評価をふまえたグラフが**図9-6**である。点Aを現在の製品として，ともにX軸に[LCC]を配し，Y軸には[LCV]と[LCA]をそれぞれ配して，新たに開発する製品Bとの[LCA]，[LCV]，[LCC]の相対的な比較を領域で示している。図（a）は[LCV]と[LCC]の関係からproductとpeopleの視点における評価を，図（b）は[LCA]と[LCC]からprosperityとplanetの視点における評価を表している。

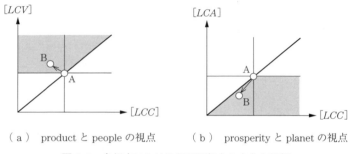

（a）　productとpeopleの視点　　（b）　prosperityとplanetの視点

図9-6　各視点における個別評価をふまえた評価

両グラフにおいて，灰色で強調した部分が開発する方向として望ましい領域であると考えられる。まずproductとpeopleの視点では，技術開発を示す[LCV]の値が現行製品Aより大きくなり，かつコストパフォーマンスを示す[LCV]/[LCC]（原点と新製品Bを結ぶ直線の傾き）が現状（原点とAを結ぶ直線の傾き）より向上（増大）していなければならないからである。同様にprosperityとplanetの視点では，環境負荷を示す[LCA]の値が現行製品Aより小さくなり，かつ，「持続可能な生産」を示す[LCC]/[LCA]（原点と新製品Bを結ぶ直線の傾き）が現状（原点とAを結ぶ直線の傾き）より向上（低下）していなければならない。

ただし，実際の製品購入に際しては，やはり価格は小さいほうが選択しやすいだろうから，開発する側にとってはコストダウンが基本となろう。したがっ

て，二つのグラフのいずれにおいても［LCC］が小さくなる方向，すなわち左半分が重要な領域と考えてよく，両グラフにおける新製品Bの位置がそれに相当する。これらを言葉で表現するなら，サステイナブルな製品を開発するには

① 現行製品より価格が低い
② 性能は同等かそれ以上
③ 環境負荷はコストダウンの割合よりさらに低減（改善）されていなければならない

となる。なぜなら，経済効果を考えれば価格が低下した分を取り返すために新製品をより多く製造販売する傾向が予想されるなかで，新製品によるトータルでの環境影響を低減する必要があるからである。

〔3〕 **単一グラフによる評価の統合化**　前項では，二つのグラフ上でそれぞれ好ましい領域を考察し，①〜③に示したように，サステイナブルな製品開発に向けた三つの条件が提示された。しかし，グラフが複数存在するため，どうしてもトレードオフが生じてしまって最適化が図りにくい。この状況を打開するには，やはりグラフは一つにするべきであり，さらにはその単一のグラフ内での評価尺度を示す必要がある。

今度は**図 9-7**に示すようなグラフを考える。X軸に prosperity と planet の視点による評価として［LCC］/［LCA］を，Y軸に product と people の視点に

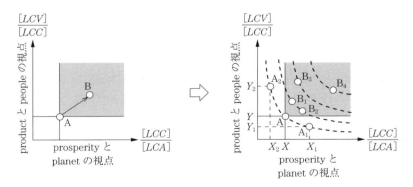

図 9-7　サステイナビリティの総合評価例

よる評価として $[LCV]/[LCC]$ を配し，現行製品 A と新製品 B との関連を図示する．このとき，X，Y 軸ともに大きくなるほど好ましいので，左側の図に灰色で強調した部分が開発する方向として望ましい領域ではあるが，新製品 B は現行製品 A より $[LCV]$ が大きく，また $[LCC]$ が小さくなるように目標設定がされるため，$[LCV]/[LCC]$) が小さくなるような事態は起こらない．

そこで，現行製品 A より右上の領域のなかで $[LCV]$ を用いて新製品 B を評価する尺度を考えてみる．例えば，右側の図に示すように，現行製品 A と X 軸，Y 軸の値の積が一定（$X \times Y = X_1 \times Y_1 = X_2 \times Y_2$）である製品 A_1，A_2 を仮定すると，これら 3 点を通る（直角）双曲線が描ける．「X 軸と Y 軸の値の積」は，$([LCV]/[LCC]) \times ([LCC]/[LCA]) = [LCV]/[LCA]$ となるため，「持続可能な消費」として考慮した関数にほかならない．すなわち，この双曲線上の点であれば，それがどこにあっても「持続可能な消費」という側面においては同等の評価になるはずである．したがって，新製品を示す点 B が B_1，B_2，B_3，B_4 と右側のグラフ上の好ましい領域内に複数存在する場合は，より多様な観点でサステイナビリティの評価を行うため，各点を通る双曲線を描き，$[LCV]/[LCA]$ の値が最も大きくなる，すなわち，最も右上に位置する双曲線上に存在する点（製品）を最高の評価とするのが望ましいであろう．右側の図の例であれば，B_4 が最も好ましく，ついで B_3 となり，B_1 と B_2 は同等でかつ B_3 より劣る，という評価が与えられる．

 理解を深めよう

9-1 サステイナビリティの三つの「P」に関連するその他の指標について調査せよ．
9-2 紹介された指標のなかでサステイナビリティ評価にとって有効だと考える指標はどれか，理由を挙げて説明せよ．
9-3 各種の指標を組み合わせた新たな指標を考案し，その得失について整理せよ．
9-4 中立的な立場の国際機関がはたすべき役割について論考せよ．

10. サステイナブル工学の展望

　本書では人類の共通理念である「サステイナブル・ディベロップメント」からスタートし，サステイナブル社会の実現に不可欠な planet，people，prosperity の三つの視点と「ライフサイクル思考」について説明し，環境とエネルギーの課題と解決の方向性をふまえた材料，設計・製造，電気電子工学という各専門領域における技術内容について詳しく見てきた。また，環境影響を評価する LCA と製品などが生み出す価値を同時に評価する環境効率を用い，さらにはそれらを総合する手段を講じて技術開発などのサステイナビリティ評価に対する可能性について論考を重ねてきた。

　本章ではサステイナブル工学の基盤を構成する要素事項のまとめとして，社会との関連のなかに存在する課題やコミュニケーションの重要性について述べる。そして，すべての工学者がサステイナブル工学の基礎を修得し，サステイナブル社会の構築を実践していくうえでの展望を提示する。

10-1　サステイナブル工学と社会との関連

〔1〕　**工業技術のサステイナブル化**　　4～6章で具体例を見てきたように，「サステイナブル・ディベロップメント」をめざした技術開発は随所で精力的に進められており，さまざまな工学分野で重要な位置を占めるようになってきている。従来は機能や性能の向上とコストダウンに多くの労力を費やしてきた製品開発のプロセスに，20 世紀後半に環境への影響低減という新たな命題が加えられ，現在では planet，people，prosperity のバランスを考慮した新たな研究開発の姿，すなわちサステイナブル工学へと舵を切っているのである。

　工学技術がサステイナブル社会の実現に貢献するためには，材料から部品・単品製品，そして統合システムへと，つねにライフサイクルの全体像を見据えた研究開発が実践されなければならない。まず，材料関連の段階においては，

164   10. サステイナブル工学の展望

社会の骨格を形成する素材とその製造プロセスを持続可能にするための方策が必要とされる。ついで，部品・単品製品関連の段階では，これらの素材を用いた部品や単品製品などが要求する機能，目的，制約条件を満たす設計開発および製造を実践して持続可能な製品やサービスを具現化する。そして，統合システムの段階では開発された製品やサービスを適切に組み合わせ，最適化するための技術を確立して，持続可能な社会の基盤を構成する多様なシステムを実現しなければならない。

サステイナブル工学がめざす研究・技術の具体的な例としては，排ガスや騒音のない燃料電池自動車，災害救助用や介護用の人工知能ロボット，医療用マイクロマシン，再生可能エネルギー発電といった製品・システムや，有機エレクトロニクスデバイス，生分解性プラスチック，レアメタル代替材料などの材料・部品がわかりやすいだろう。さらには，大幅な省エネルギーを実現するヒートポンプ技術や安全性を飛躍的に向上した羽根のない扇風機，知的情報化社会の要となる超 LSI 技術やデータ処理技術，システムの高度化に欠かせない各種センシング技術，さまざまな製品や製造関連設備などに用いられてエネルギーや生産の高効率化に寄与するインバータ技術なども挙げられる。ほかにも，オゾン層を破壊せず温室効果も小さい自然冷媒や，鉛フリーはんだ，ハロゲンフリー樹脂などの非有害化学材料に加え，土壌改質や樹脂分別リサイクル技術，飲料水確保用の膜処理技術など枚挙に暇がない。これらはいずれも洗練された社会システムの構築と多様な価値の創造に貢献するとともに，環境への影響を最小限にとどめつつ経済を活性化する，高度でサステイナブルな工学技術の応用事例といえるであろう。

一方，こうした革新的な素材，製造プロセス，部品，製品・サービス，統合システムなどがサステイナブル社会の要となる planet，people，prosperity のバランスを適度に保ちながら進化し続けるためには，研究開発の進捗状況を客観的に測定できる指標を用いて随時計測する必要がある。計測といっても通常の測定とは異なり，多くの場合，「ライフサイクル思考」に基づく調査分析結果をふまえた数値決定（定量化）が要求されるため，効率良く実行するための

10-1 サステイナブル工学と社会との関連 165

方法論とそれを搭載したツールの使用が不可欠になる。特に，複数の事業所やテーマを統括するマネジメント体制が必要とされる場合には，川上から川下に至る共通ツールの配備と実効的な運用を可能とする人員および資金の確保にも配慮が必要である。

〔**2**〕 **サプライチェーンマネジメント** 7章において，「カーボンフットプリント」を組織さらにはサプライチェーン全体に適用しようという流れについて紹介したが，もちろんこれは「温室効果ガス」の排出抑制に限った情勢ではなく，循環型社会の形成や化学物質の適正管理といった方向でも動きが顕著となってきている。これをサプライチェーンマネジメントと呼び，製品のライフサイクルマネジメントと同様，多種多様な環境への影響を物質や金銭の流れを追いながら全般にわたって管理するのであるが，一企業などで解決できる問題ではなく，有益な情報の相互提供も含め，「サステイナブル・ディベロップメント」をめざした努力を研究分野や業界，あるいは国境を越えて統一していかなければならない。

ここで重要な論点は，知的財産権（以下，知財という）の保護と国際標準化に関する問題である。一般にこの両者は相容れない場合が多い。国際標準化は技術内容の開示にもつながるため，専有する知財の保護を望む事業者にとってはあまり好ましくない展開であった。しかしながら，昨今ではサプライチェーンマネジメントの広がりにより，国際標準化をビジネスのより積極的な戦略の一つとして他社との差別化に用いる手法が認識され始めている。なぜなら，自社の製品やサービスと競合する領域を限定してコスト競争を避けるとともに，より広範囲の技術提供領域とのインタフェースを効率的に構成して，極論すれば，たとえ単体の技術で負ける部分があった場合でも総合的なビジネスでは勝つ，という戦略が立てられるからである。

いずれにせよ，製品やその構成要素（材料，部品，ソフトウェアなど）は国境や製品分野を越えて流通しており，技術の適正管理の遂行には，グローバル市場における長く複雑なサプライチェーン上にある多くの産業の協力が必要である。このとき，製品などのライフサイクルを考慮したマネジメント活動を組

166   10. サステイナブル工学の展望

織全体で実施する方法が国際規格として制定されていれば，アプローチの容易さを含めてなにかと都合がいい。国際標準化のはたす役割はますます大きくなっているが，そのなかで知財の保護が改めて大きな課題として取り上げられてきているというのが現状である。

〔**3**〕　**社会のニーズとの整合**　　環境問題でよく議論される観点に「リバウンド効果」がある[1]。一般に，環境を考慮した行動を実践すると節約につながる場合が多い。例えば，節電すると電気料金の節約になるが，ここで生じた金銭を節電によって削減された二酸化炭素の排出量を超えるような行動に使用すれば，結局二酸化炭素の排出量は増加してしまう。また，省エネルギー自動車を購入するとガソリンは節約されるが，その分乗る距離が長くなれば省エネルギー自動車の開発で削減された二酸化炭素の排出量は相殺されてしまう，といった点が指摘されている。

こうした問題の解決には個人のライフスタイルの選択にまで立ち入る必要が生じる。1章でも述べたように，「持続可能な消費と生産」はサステイナブル社会を構成する不可欠な行動規範であり，「サステイナブル・ディベロップメント」に向かうための両輪である。そして，そこでは社会の受容性が大きな影響力をもつ。すなわち，社会を構成する人間の価値観や倫理観，または責任感が行動の選択を左右するのであり，単に科学的なデータの収集分析や方法論の開発だけでは済まない要素が含まれている。

個人の信条や行動規範ともいうべき不文律のクライテリア（選択基準）を人間の内部に構築する手段は適切な教育しかあり得ない。特定の情報提供（的確な表示）や規制・制度による実践的な短期教育と普遍的な教養蓄積としての長期教育により，正しい判断能力を醸成するしか方法はない。一方，サステイナブル工学が忘れてならないのは社会のニーズとの整合であり，その重要性の理解である。すべての技術は社会に実装されてはじめて有意となる。普及しない製品は開発されていないのと同等であり，社会の発展に対してなんら貢献しない。教育の効果は，社会のニーズを正しく把握しその本質を的確に具象化した技術に対してのみ顕著に表れる。サステイナブル工学が生み出したシーズが社

会のニーズと乖離しているならば，いかなる教育も実を結ばないだろう。

10-2 サステイナブル工学の課題

〔1〕 **価値の定量化とその正当性の立証**　サステイナブル工学では，製品の環境影響を定量化する際には，その製品が有する価値を同様に定量化して評価をする必要があると考える。ここで，価値の特質でもある多面性が重要な議論を提供する。環境効率指標などにとって価値の定量化は必須の事項であるものの，多くの場合，その定量化手法に対する妥当性が問題となる。妥当性に疑問があると客観性を欠き，一部の業界関係者だけの評価にとどまってしまうおそれがある。社会受容性を増大するためには評価の妥当性と有意性について納得のいく説明ができなければならない。

　価値の定量化，特に，計測が困難とされる抽象的な事象（美的価値，ブランド価値，歴史的価値など）を数値化する場合，国際標準規格（ISO14045）ではアンケートやインタビューなどの市場調査やサーベイランス（査定）といった個人の主観に立脚した手法を採用してもよいと規定されている[2]。また，LCAにおけるインベントリ分析の結果を用いた特性化や統合化評価の実施においては，「重み付け」の際に主観を含む定性的なプロセスを経る手法が存在するため，必ずどこかに恣意性が介在してしまうという問題がある。

　経営的な価値においても同様の問題が指摘されている[2]。一般にビジネスが創出する価値は利益，すなわち収入からコストを差し引いた値に等しいと想定される。また，消費者の立場では「支払意思額（対象となる製品に対して支払う意思のある額）」から実際に発生したコストを差し引いた値（余剰価値ともいわれる）でもあり得る。ここで，コストには市場価格，レンタル料金，運用費用，その他が含まれるが，これらの価値をライフサイクル基準で定量化するのは難しい。なぜなら，サプライチェーンの構成者には真のコストや利益を外部に伝えたがらない者もいるからである。しかしながら，機能性能（機能的価値）または財務コスト（金銭的価値）のいずれかを通して，このような経営的

168　　10.　サステイナブル工学の展望

価値の変化を推定し得ると考えられており，抽象的な価値の定量化に対する一つの解決方向といえるかもしれない。

〔**2**〕　**適切なコミュニケーション**　　なんらかの評価を行った結果については，それを不特定多数の一般聴衆に対して公開するのが前提となる。そのとき，情報を発信する側と受け取る側に共通の理解が存在しないと正しいコミュニケーションはとれないと考えられる。市販製品であれば必ずステークホルダ（利害関係者）が存在し，特に競合他社を納得させられないような主張を実施するのは大きな社会問題だといえる。製品の環境側面は多様かつ複雑であり，ある面で良好な結果を得たとしてもほかの面ではどうか，全体ではどうか，とつねに問い続ける姿勢がなければならないからである。

　市場とのコミュニケーションについては，日本消費生活アドバイザー・コンサルタント・相談員協会（略称：NACS）の環境委員会が，消費者と企業をつなぐのは情報であるという点に着目して，わかりやすい具体的な表現，信頼でき社会のニーズを反映している，といった項目から「消費者が望む環境ラベル10原則」を2000年にまとめた[3]。環境ラベルとは環境主張，すなわち製品や組織の環境影響およびその対応などに関する各種の主張であって，狭義には製品に添付されるラベルを意味するが，組織の環境報告書なども含めた環境関連のコミュニケーション全般と考えてもよい。

　こうした消費者からの要求は，生産者側が提供する情報の信頼性とわかりやすさに対する根強い不満が反映されたものであるともいえる。したがって，環境省では環境表示を行う事業者などを対象として，第三者による認証を必要としない「自己宣言」による適切な環境表示のあり方を「環境表示ガイドライン」にて示しており，そこでは以下の五つの基本項目を定めて，行き過ぎた環境主張をしないように注意を喚起している[4]。

　① あいまいな表現や環境主張は行わないこと。

　② 環境主張の内容に説明文を付けること。

　③ 環境主張の検証に必要なデータ及び評価方法が提供可能であること。

　④ 製品又は工程における比較主張はLCA評価，数値などにより適切になさ

れていること。

⑤ 評価及び検証のための情報にアクセスが可能であること。

さらに NACS の環境委員会では，先に示した「環境ラベル 10 原則」での実績と知見をふまえ，「持続可能なくらし」をめざした「グリーンコンシューマーが望む環境情報 9 原則」を 2006 年にまとめて公表している[5]。この 9 原則によれば，消費者が知りたい内容としては，① 持続可能な社会を目指した企業活動が見える，② 重要な情報を伝えている，③ 社会的関心を反映している，が挙げられている。表現に関しては，④ わかりやすい，⑤ 比較できる，⑥ 具体的な表現である，が望まれている。姿勢については，⑦ 確認できる，⑧ 消費者との対話の体制がある，⑨ 消費者の意見が反映されている，といった点が期待されている。

10-3 サステイナブル工学の実践

〔1〕 ライフサイクル思考の具現化　　サステイナブル社会の実現に貢献する技術や製品を創出するのがサステイナブル工学の目的であり，環境負荷はもちろん，経済的な価値やその他の多様な価値の定量化とそれらの統合評価には「ライフサイクル思考」が欠かせない。したがって，その重要な分析手法である LCA は工学に携わるすべての者にとって有効なマネジメントツールであり，LCA の修得はサステイナブル工学を実践するエンジニア，すなわち今後の全エンジニアにとって必要不可欠なプロセスであると考えられる。

図 10-1 は，産業環境管理協会が開発した LCA ソフトウェア「MiLCA」を用い，仮のデータを用いてアイロンの「製品システム」を簡易的に分析した模式図である。図のように対象とする製品などを克明に追いかけ，本来はもっと長大なライフサイクルにおける詳細なプロセスデータを積み上げて結果を導き出す。この作業をインベントリ分析と呼ぶ。しかし，この煩雑な作業が正確に遂行されなければその後のあらゆる分析が無意味になってしまう。現在，「MiLCA」をはじめ多くの LCA ソフトウェアが世界中に流通しているが，

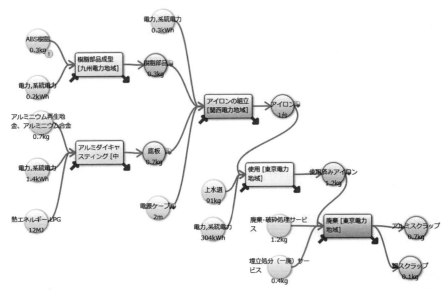

図 10-1 アイロンの「製品システム」の分析例
〔産業環境管理協会製 LCA ソフトウェア
「MiLCA」により作成〕

「MiLCA」は日本の2回の国家プロジェクトの成果を反映したデータベース(IDEA)を搭載しており,多くの産業界の協力により完成されている。したがって,国内でのプロセスデータを優先した分析を実施する際には必須のツールといえるだろう。

〔2〕 **継続的改善の追究**　　サステイナブル工学の実践の第一歩は,身近な製品の改善に取り組むことである。企業では自社製品を対象とするだろうが,大学などではLCAを修得する実習を課したうえでPBL（project based learning）型の授業により,学生が自ら手近で構成の簡単な製品の改善に取り組むのがよい。それもLCA分析に終始するのではなく,その製品の生み出す価値に着目した環境効率を考慮し,planet, people, prosperityの側面から総合的にサステイナビリティを評価し,できれば改善提案を行うようにすべきである。

例えば,専門分野の異なる学生が少人数のチームを組み,まずは適切な製品

を選定してLCA分析を実施する．つぎに，この製品について機能的価値や経済的価値を考察した後に，三つの「P」の観点に基づくサステイナビリティ評価を9章に紹介したような各種の指標を用いて多面的に実施するのである．さらには，その製品に関する改善提案を発表しあって全員討論を行い，各人の知見を深める，という方向も有意義だろう．

図 10-2 は「MiLCA」に搭載されている被害算定型の環境影響評価手法であり7章でも簡単に紹介した「LIME」を用い，統合化評価（「人間健康」，「社会資産」，「一次生産」，「生物多様性」の四つの「保護対象」に関する被害評価）を上記のアイロンに対して仮データにより実施した例である．実際には，こうしたLCAの結果に対して環境効率を考慮し，最後に総合評価を実施することになるが，「サステイナブル・ディベロップメント」をめざすのであれば，評価結果を改善提案につなげるのはもとより，改善された製品に対して同様のプロセスでさらに検討を重ねて継続的な改善を追究しなければならない．

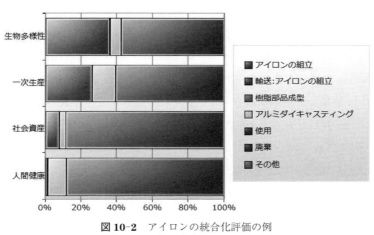

図 10-2 アイロンの統合化評価の例
〔産業環境管理協会製 LCA ソフトウェア「MiLCA」により作成〕

〔**3**〕 **設計へのフィードバック**　機械設計の分野においては，マイク・アシュビー（M. F. Ashby）ケンブリッジ大学名誉教授が築き上げた著名な材料選択方法論がある．アシュビー教授にはこの方法論を取り扱った多くの著作があ

172　　　10.　サステイナブル工学の展望

るが，それらのなかで「グリーンデザイン（green design）」と称する環境に配慮した材料選択方法論が提示されている[6]。もともとの材料選択方法論は，製品の仕様から材料に要求される性能を抽出して評価式（性能指標）を構成し，この評価式にほかの設計要素とともに候補となる各材料の特性値を代入して計算比較する。これを多様な要因について検討し，最もふさわしい材料を選択するという方法論なのだが，「グリーンデザイン」ではこの材料特性の一分野に環境負荷，すなわち製造エネルギーや二酸化炭素の排出量などをデータ化して評価するというコンセプトである。このデータにはLCAのインベントリ分析で使用する原単位データなどが利用可能であろう。

　また，最近の著作には，自動車のバンパー用材料の変更によるライフサイクル全体のエネルギー消費量の変化を示した例が紹介されている[7]。従来，バンパーには鉄鋼が用いられてきたが，自動車を軽量化するため軽い材料であるアルミニウム合金およびCFRP（carbon fiber reinforced plastics，炭素繊維強化プラスチック）を検討したところ，バンパーの重量は鉄鋼では14 kgだったが，要求される強度を同等に保った場合，アルミニウム合金で10 kg（約28％低減），CFRPで8 kg（約43％低減）となった。一方，各材料の製造エネルギーは鉄鋼の0.45 GJに対してアルミニウム合金が2.1 GJ（4.7倍），CFRPが2.2 GJ（4.9倍）と増加するものの，軽量化の効果により燃費の改善が見込めるため，使用時（約25万km走行）のエネルギー消費量がそれぞれ2.0 GJ，3.1 GJ削減されている。この結果，ライフサイクル全体でアルミニウム合金では0.5 GJ，CFRPでは1.4 GJ程度の削減が可能となる。

　この例が示すように，自動車の設計段階で簡易的であってもLCAを実施すれば，材料を変更してライフサイクル全体のエネルギー消費量を低減させることが可能になる。さらには，材料の製造コストをその環境負荷料と同じようにデータ化して上記方法論を拡張すれば，設計の開始時点において製品のサステイナビリティ評価が実現できる。すなわち，材料特性と設計要求から環境への影響（planet）を工学的に算出して評価する手法は，LCAの結果を設計に合理的にフィードバックして，製品の機能性能（people）や社会経済性（prosperity）

を最大化するための大変有効な手段になる。

「グリーンデザイン」は材料の選択にとどまらず設計全般に共通する概念である。市場のニーズを受けて新たな製品企画が持ち上がったとき，概念設計，具現化設計，詳細設計と進む設計プロセスの初期段階において，サステイナブル工学を修得した者が実践する「ライフサイクル思考」に基づいた設計方法論なのである。

10-4 サステイナブル社会の構築に向けて

サステイナブル工学は，地球システムの保全，人間システムの品質向上，そして社会システムの繁栄を同時に実現し，人類全体の「サステイナブル・ディベロップメント」に貢献しようとする学際的，横断的な実学である。したがって，各専門領域の知識体系に依拠しながらも，従来の限定された視点から一歩踏み出した研究活動を積極的に推進して，高機能で低環境負荷，そして社会受容性の大きな革新的技術を生み出していく使命を有しており，その実現にあたっては大学などにおける高等教育の必要性に疑う余地がない。また，専門領域の垣根を越えて意見を交換し知見を高め合う機会の設置は，新たな地平を拓くチャレンジ精神の高揚と真理探究に不可欠な謙虚さを備えた向上心の醸成に役立つであろう。

サステイナブル工学を学修した学生には，どんな分野であっても地球規模の課題解決に貢献できるような真のグローバルリーダーとしての活躍が期待される。サステイナブル工学の範疇で修得する知識に加え，実習や課題解決プロジェクトに取り組むなかで獲得される実践的なアプローチ手法や経験は，従来の領域に縛られない柔軟で重層的な視野と思考形式を伸長させるのにおおいに役立つからである。

さらに，国際動向に敏感でありながら地域との連関に配慮でき，創造性に満ち課題解決能力に優れたエンジニアを育成するために，より積極的に実社会との連携を重視したカリキュラムが効果的であると考えられる。

日本におけるサステイナブル工学の起点は，吉川弘之東京大学名誉教授（第25代東大総長）が1992年に提唱した人工物工学と考えられる[8]。人工物工学は領域の存在を否定し，貧富の共存，地球環境の破壊，事故の巨大化といったある意味科学技術の発展が招いてしまった「現代の邪悪なるもの（現代を特徴付ける人類共通の問題）」の解決に取り組もう，という気宇壮大なチャレンジである。従来の領域化された学問体系では太刀打ちできないような地球規模のさまざまな課題について，革新的なアブダクション（仮説形成）とそれを誘起する複合化された領域間の高度知識マネジメントや異分野コラボレーション（共創）によって対処しようとする懐の広い学問である。

　サステイナブル工学の特徴は，この人工物工学をより目的を明確にして対象を絞り込み，現実的な方法論により人工物の評価，検証を行ってサステイナブル社会の形成に向けて着実な進化をめざす点にある。planet, people, prosperity というサステイナブル社会の実現にとって不可欠な要素における人工物の価値の最大化と環境負荷の最小化を同時に追求する研究開発プロセスであり，21世紀に生きる人類共通の理念として理解されている「サステイナブル・ディベロップメント」を具現化するサステイナブル社会の構築に向け，その重要性は今後ますます増大していくに違いない。21世紀の工学に携わる者にとって，サステイナブル工学は必ず身に付けなくてはならない知識であり能力なのである。

 理解を深めよう

10-1 環境情報のコミュニケーションにとって重要な観点はなにか，消費者の立場に立って整理せよ。

10-2 サステイナブル工学を実践する際に必要となるLCAについて詳しく調査し，その基本原則について説明せよ。

10-3 サステイナブル工学が必要になった要因とその解決策について考察せよ。

10-4 サステイナブル工学を学ぶうえで重要と考える姿勢について自由に論述せよ。

引用・参考文献

〈1章〉

1) D. H. メドウズほか：成長の限界—ローマ・クラブ「人類の危機」レポート，ダイヤモンド社（1972）

2) Report of the World Commission on Environment and Development：Our Common Future, United Nations（1987）

3) 稲葉 敦ほか：演習で学ぶ LCA，未踏科学技術協会（2014）

4) 経済産業省資源エネルギー庁：エネルギー白書（2014）

5) 環境省：平成 27 年版環境・循環型社会・生物多様性白書（2015）

6) 小宮山宏ほか：サステイナビリティ学 1，東京大学出版会（2011）

7) 原圭史郎ほか：サステイナビリティ・サイエンスを拓く，大阪大学出版会（2011）

8) G. Jonker, et al.：Engineering for Sustainability, Elsevier（2012）

9) E. U. フォン・ワイツゼッカーほか：ファクター 4，省エネルギーセンター（1998）

10) WWF ジャパン：生きている地球レポート 2014 要約版（2014）
https://www.wwf.or.jp/activities/data/WWF_LPRsm_2014j.pdf

11) 玄地 裕ほか：地域環境マネジメント入門，東京大学出版会（2010）

12) International Electrotechnical Commission：International Standard, IEC62430：2009 Environmentally conscious design for electrical and electronic products（2009）

13) 山田 秀ほか：環境配慮設計の要求事項，日本規格協会（2011）

14) 家電製品協会：家電製品 製品アセスメントマニュアル 第 5 版 Web 版（2014）
http://www.aeha.or.jp/assessment_manual/

15) D. T. Allen, et al.：Sustainable Engineering, Prentice Hall（2011）

16) International Organization for Standardization：International Standards, ISO14040：2006 Environmental management—Life cycle assessment—Principles and framework, and ISO14044：2006 Environmental management—Life cycle assessment—Requirements and guidelines（2006）

〈2章〉

1) 稲葉 敦ほか：演習で学ぶ LCA，未踏科学技術協会（2014）

176   引 用 ・ 参 考 文 献

2） D.H. メドウズほか：成長の限界 人類の選択，ダイヤモンド社（2005）

3） 環境省：第四次環境基本計画（2012）

4） IPCC：第 5 次評価報告書第 1 作業部会報告書，気候変動に関する政府間パネル
   （Intergovernmental Panel on Climate Change）（2013）

5） 気象庁：温室効果とは
   http://www.data.jma.go.jp/cpdinfo/chishiki_ondanka/p03.html

6） International Energy Agency：IEA World Energy Outlook 2008（2008）

7） 環境省：京都議定書目標達成計画の進捗状況，地球温暖化対策推進本部公表資
   料（2014）
   http://www.env.go.jp/press/upload/24788.pdf

8） 環境省：平成 26 年版環境・循環型社会・生物多様性白書（2014）

9） 産業環境管理協会：リサイクル（3R）の法律と政策
   http://www.cjc.or.jp/cgi/school/Pquery9_frame1.html

10） 環境省：平成 25 年版環境・循環型社会・生物多様性白書（2013）

〈3 章〉

1） 経済産業省資源エネルギー庁：エネルギー白書（2014）

2） 環境省：平成 24 年度低炭素社会づくりのためのエネルギーの低炭素化に向けた
   提言
   http://www.env.go.jp/earth/report/h25-01/chapt02.pdf

3） 経済産業省：第四次エネルギー基本計画（2014）

4） 経済産業省資源エネルギー庁：平成 24 年度におけるエネルギー需給実績，経済
   産業省資源エネルギー庁公開資料
   http://www.meti.go.jp/press/2014/04/20140415004/20140415004.pdf

5） 経済産業省：省エネ法の概要（経済産業省パンフレット）（2017）

6） コージェネ財団：コージェネの特長
   http://www.ace.or.jp/web/chp/chp_0030.html

7） 経済産業省資源エネルギー庁：トップランナー制度について
   http://www.enecho.meti.go.jp/category/saving_and_new/saving/003/pdf/tr-seido.pdf

〈4 章〉

1） D.H. メドウズほか：成長の限界—ローマ・クラブ「人類の危機」レポート，ダ
   イヤモンド社（1972）

2） 経済産業省資源エネルギー庁：エネルギー白書（2005）

3） 経済産業省資源エネルギー庁：エネルギー白書，p.159（2015）

引 用 ・ 参 考 文 献　　177

4) 川島博之：「食糧危機」をあおってはいけない（Bunshun Paperbacks），文藝春秋（2009）
5) 気象庁：南極オゾンホールとは
   http://www.data.jma.go.jp/gmd/env/ozonehp/3-30ozone_o3hole.html
6) 環境省：国家 CFC 管理戦略
   http://www.env.go.jp/earth/ozone/cfc/cfc-ja.pdf
7) 気象庁：世界における大気中のクロロフルオロカーボン類濃度の経年変化
   http://ds.data.jma.go.jp/ghg/kanshi/ghgp/cfcs_trend.html
8) 気象庁：オゾン層・紫外線の年のまとめ（2013 年）
   http://www.data.jma.go.jp/gmd/env/ozonehp/annualreport_o3uv_2013.html
9) 環境省：地球温暖化対策推進本部
   http://www.env.go.jp/press/upload/24788.pdf
10) 日本ソーダ工業会
   http://www.jsia.gr.jp/index.html
11) P. T. アナスタスほか：グリーンケミストリー，丸善（1999）

〈**5 章**〉

1) 日本自動車工業会：世界各国/地域の四輪車生産台数
   http://www.jama.or.jp/world/world/world_t2.html
2) 日本自動車工業会：自動車関連産業と就業人口
   http://www.jama.or.jp/industry/industry/industry_1g1.html
3) 日本自動車工業会：主要製造業の製造品出荷額等
   http://www.jama.or.jp/industry/industry/industry_3t1.html
4) 国土交通省都市局都市計画課：都市における人の動き　―平成 22 年全国都市交通特性調査集計結果から―
   http://www.mlit.go.jp/common/001032141.pdf
5) 経済産業省：自動車リサイクル制度の執行状況と高度化・効率化に向けた取組，p.14
   http://www.meti.go.jp/committee/sankoushin/sangyougijutsu/haiki_recycle/car_wg/pdf/032_07_00.pdf
6) 経済産業省資源エネルギー庁：水素を利用した新しい社会基盤

〈**6 章**〉

1) 経済産業省資源エネルギー庁：エネルギー白書，p.102（2012）
2) 日本エネルギー学会：エネルギーの辞典，p.82，朝倉書店（2009）

178　引　用　・　参　考　文　献

3) 環境省：平成26年版環境・循環型社会・生物多様性白書，pp.4-9（2014）
4) 経済産業省資源エネルギー庁：エネルギー白書，p.18（2014）
5) 経済産業省資源エネルギー庁：エネルギー白書，p.21（2012）
6) 経済産業省資源エネルギー庁：エネルギー白書，p.13（2014）
7) 経済産業省資源エネルギー庁：総合資源エネルギー調査会基本政策分科会（第17回会合）資料2（平成27年8月21日（金））
8) 白鳥　敬：図解よくわかる自然エネルギーと発電の仕組み，p.28，日本実業出版社（2013）
9) 日本エネルギー学会：エネルギーの事典，p.142，朝倉書店（2010）
10) 日本エネルギー学会：エネルギーの事典，p.144，朝倉書店（2010）
11) International Energy Agency：IEA Wind Energy Annual Report（2001-2005）
12) International Energy Agency：IEA WIND 2014 Annual Report（August 2015）
13) International Energy Agency：TRENDS 2016 IN PHOTOVOLTAIC APPLICATIONS
14) エネルギーハーベスティングコンソーシアム
   http://www.keieiken.co.jp/ehc/ index.html
15) 白鳥　敬：図解よくわかる自然エネルギーと発電の仕組み，p.176，日本実業出版社（2013）
16) 電気科学技術奨励会：現代電力技術便覧，pp.687-688，オーム社（2007）
17) 電気科学技術奨励会：現代電力技術便覧，p.719，オーム社（2007）

〈7章〉
1) 足立芳寛ほか：環境システム工学，東京大学出版会（2004）
2) 伊坪徳宏ほか：LCA概論，産業環境管理協会（2007）
3) International Organization for Standardization：International Standards, ISO14040：2006 Environmental management—Life cycle assessment—Principles and framework, and ISO14044：2006 Environmental management—Life cycle assessment—Requirements and guidelines（2006）
4) 稲葉　敦ほか：演習で学ぶLCA，未踏科学技術協会（2014）
5) 稲葉　敦ほか：LCAの実務，産業環境管理協会（2005）
6) 産業環境管理協会：エコリーフ環境ラベル
   http://www.ecoleaf-jemai.jp
7) 伊坪徳宏ほか：LIME2，産業環境管理協会（2010）
8) 産業環境管理協会：カーボンフットプリントコミュニケーションプログラム
   http://www.cfp-japan.jp
9) 環境省，経済産業省：サプライチェーンを通じた温室効果ガス排出量算定に関

引 用 ・ 参 考 文 献　　*179*

する基本ガイドライン Ver2.1（2014）

〈8章〉

1) International Organization for Standardization：International Standards, ISO14045：2012 Environmental management—Eco-efficiency assessment of product systems—Principles, requirements and guidelines（2012）
2) 芝池成人：ISO14045 製品の環境効率評価—原則，要求事項およびガイドライン，環境管理，**46**（6），pp.14-19，産業環境管理協会（2010）
3) E. U. フォン・ワイツゼッカーほか：ファクター5，明石書店（2014）
4) 建築環境・省エネルギー機構：CASBEE 建築環境総合性能評価システム
http://www.ibec.or.jp/CASBEE/about_cas.htm
5) 「ファクター X」標準化に関する WG，電機・電子製品の環境効率指標の標準化に関するガイドライン，日本環境効率フォーラム（2009）
6) N.Shibaike, et al.：Activity of Japanese Electronics Industry on Environmental Performance Indicator toward Future Standardization，Proceedings of Electronics Goes Green 2008＋, pp.473-477（2008）
7) 環境省：環境会計ガイドブック（2000）
8) 稲葉 敦ほか：演習で学ぶ LCA，未踏科学技術協会（2014）
9) 芝池成人：「ISO14045 製品の環境効率評価」の解説, LCA 日本フォーラムニュース，**63**，pp.3-8，産業環境管理協会（2013）

〈9章〉

1) M. ワケナゲルほか：エコロジカル・フットプリント，合同出版（2004）
2) N. チェンバースほか：エコロジカル・フットプリントの活用，インターシフト（2005）
3) WWF ジャパン：生きている地球レポート 2014 要約版（2014）
https://www.wwf.or.jp/activities/data/WWF_LPRsm_2014j.pdf
4) WWF ジャパン：日本のエコロジカル・フットプリント 2012（2012）
https://www.wwf.or.jp/activities/lib/lpr/WWF_EFJ_2012j.pdf
5) 伊坪徳宏ほか：LIME2，産業環境管理協会（2010）
6) 例えば，八王子市プロフィール
http://www.city.hachioji.tokyo.jp/shisei/002/index.html
7) 「ファクター X」標準化に関する WG：電機・電子製品の環境効率指標の標準化に関するガイドライン，日本環境効率フォーラム（2009）
8) Y. Kobayashi, et al.：A Practical Method for Quantifying Eco-efficiency Using Eco-

180　　引 用 ・ 参 考 文 献

design Support Tools, Journal of Industrial Ecology, **9**（4）, pp.131-144, Yale University（2005）

9）国連開発計画（UNDP）：人間開発報告書 2010（2010）

10）経済協力開発機構（OECD）：OECD 幸福度白書，明石書店（2012）

11）稲葉 敦ほか：演習で学ぶ LCA，未踏科学技術協会（2014）

12）経済産業省資源エネルギー庁：エネルギー白書（2014）

13）International Organization for Standardization：International Standards, ISO14051：2011 Environmental management—Material flow cost accounting—General framework（2011）

〈**10 章**〉

1）稲葉 敦ほか：演習で学ぶ LCA，未踏科学技術協会（2014）

2）International Organization for Standardization：International Standards, ISO14045：2012 Environmental management—Eco-efficiency assessment of product systems —Principles, requirements and guidelines（2012）

3）NACS 環境委員会公開資料：消費者が望む環境ラベル 10 原則
　　http://www.nacs.or.jp/kankyo/label/label_10.html

4）環境省：環境表示ガイドライン（2013）

5）NACS 環境委員会公開資料：グリーンコンシューマーが望む環境情報 9 原則
　　http://www.nacs.or.jp/kankyo/label/label_9.html

6）M.F.Ashby：Materials Selection in Mechanical Design, Pergamon Press（1992）

7）M.F.Ashby：Materials and the Environment, Butterworth-Heinemann（2012）

8）吉川弘之：人工物工学の提唱，ILLUME, **4**, pp.41-56，東京電力（1992）

索　引

【あ】

アイドリングストップ	82
後処理対策	80
アドホックネットワーク	109

【い】

イオン交換膜	71
イオン交換膜法	71
イタイイタイ病	60
一次エネルギー	39
一次データ	120
インベントリデータ	114

【う】

ウィーン条約	66
ウォーターフット	
プリント	130

【え】

影響領域	123
エコデザイン	9
エコデザインプロセス	9
エコリーフ	124
エコロジカルフット	
プリント	7, 146
エネルギー安全保障	39
エネルギー基本計画	45
エネルギー生産効率	155
エネルギーハーベス	
ティング	93, 110
エンドポイント	125

【お】

オゾン層	65
オゾンホール	63
重み付け	119, 123
温室効果	24

温室効果ガス	24

【か】

解　釈	117
回生ブレーキ	108
隔膜法	70
か性ソーダ	69
化石エネルギー	40
化石燃料	8, 58
カテゴリインディケータ	114
家電リサイクル制度	34
カーボンフット	
プリント	127
環境影響評価指標	131
環境影響評価手法	131
環境基本計画	21
環境効率	6
環境配慮設計	9
環境負荷	6
感度分析	125

【き】

気候変動枠組み条約	68
基本フロー	120
基準フロー量	121
機能単位	142
機能的価値	6
京都議定書	20, 68

【く】

空燃比	80
クリティカルレビュー	118
グリーンケミストリー	
12か条	72
グリーンデザイン	172
グルーピング	123

【け】

経済効率	155
経済的価値	6
原単位データ	121
原油確認埋蔵量	41

【こ】

公　害	76
光化学スモッグ	76
国際標準化	165
国際標準化機構	15
国民総所得	152
国連開発計画	152
国連気候変動枠組条約	20
コージェネレーション	
システム	51
コストパフォーマンス	154
固定価格買取制度	44

【さ】

最終エネルギー消費	46
最終処分量	31
再生可能エネルギー	28, 43,
	88, 91, 97
最大電力点追従	93
サステイナビリティ	4
サステイナブル工学	13
サステイナブル社会	5
サステイナブル・ディベ	
ロップメント	1
サプライチェーン	128
サプライチェーン	
マネジメント	165
産業革命	76
三元触媒	81

【し】

ジオエンジニアリング	26
紫外線	65
資源効率	156
資源生産性	31
システム境界	119
自然エネルギー	26
持続可能な消費	3
持続可能な生産	2
持続的な開発	61
シミュレーション	75
循環利用率	31
省エネルギー	41
省エネルギー法	50
触媒	65
新エネルギー	46

【す】

水銀法	71
水酸化ナトリウム	69
スマートグリッド	88, 94, 99

【せ】

正規化	123
生産者責任原則	34
製品価値	141
製品システム	119
製品設計	75
製品分類別基準	127
センサネットワーク	95, 97, 109

【そ】

ソーダ工業	69
ソーダ灰	69
ソリッドモデル	75
ソルベー法	70

【た】

大気汚染防止法	77
大気浄化法（英）	77
大気浄化法（米）	77
大気浄化法改正法	77
代替フロン	66
ダウンサイジングターボ	82

炭酸ナトリウム	69
単収	59
鍛造	74

【ち】

窒素肥料	59
知的財産権	165
鋳造	74

【て】

ディジタルエンジニアリング	75
電界効果型トランジスタ	102
電気分解法	70

【と】

統合評価	114, 124
同時並行処理	75
特性化	123
トップランナー制度	54

【な】

ナトリウムアマルガム	71

【に】

二次エネルギー	39
二次データ	120
人間開発指数	152

【の】

ノンフロン製品	68

【は】

排気ガス規制	77
排出量取引制度	29
ハイブリッド車	82
バイポーラトランジスタ	104
バックグランドデータ	120
ハーバーボッシュ法	59
パリ協定	20
パルス幅変調	105
パワー MOSFET	104, 106

【ひ】

比較主張	119
ビッグデータ処理	111

ヒートポンプ	62
品質機能展開	150

【ふ】

ファクター X	132
フォアグランドデータ	120
不揮発性メモリ	104
物質フロー	30
プラグインハイブリッド車	82
フロン	62
分類化	123

【へ】

変換効率	40

【ほ】

保護対象	125

【ま】

マテリアルフローコスト会計	156

【み】

緑の革命	58
水俣病	60

【め】

メチル水銀	71

【も】

目的と調査範囲の設定	117
モータリゼーション	76
モントリオール議定書	66

【ゆ】

有効エネルギー	50
ユビキタスネットワーク	94

【よ】

四日市ぜんそく	60

【ら】

ライフサイクル	9
ライフサイクルアセスメント	15

索　　　　　引　　183

ライフサイクルインベントリ
　調査　118
ライフサイクルインベントリ
　分析　117
ライフサイクル
　影響評価　117
ライフサイクル
　コスティング　154
ライフサイクル思考　8
ライフサイクル段階　10

【り】

リバウンド効果　166
領域指標　123
理論空燃比　80

【る】

ルブラン法　70

【れ】

レアアース　30
冷　媒　62

【ろ】

ロンドン市法　77

【わ】

ワイドギャップ半導体　104

【C】

CAFE 方式　78
CASBEE　133
CCS　26
CFP　127
CMOS　102

【E】

EMS 対策　80
Energy Star　56

【I】

IEA　25
IEC　9
IGBT　104
IoT　95

IPCC　19
ISO　15

【L】

LCA　15, 120
LCC　154
LED　105
LIME　125

【M】

MEMS　110
MEPS　56
MFCA　156
MOSFET　102
MPPT　93
MSDS　36

【P】

PCR　127
PRTR　60
PWM　105

【Q】

QFD　150

【W】

WF　130
WWF　147

【Z】

ZEV 規制　78

3R　32

―― 編著者略歴 ――

- 1978年　東京大学工学部機械工学科卒業
- 1978年　松下電器産業株式会社中央研究所勤務
- 1993年　東京大学人工物工学研究センター特別研究員
- 1994年　ケンブリッジ大学工学部工学設計センターシニアリサーチフェロー
- 1995年　松下技研株式会社超機構研究所勤務
- 1997年　博士（工学）（東京大学）
- 2010年　パナソニック株式会社環境本部ESリサーチセンター所長
- 2013年　東京工科大学教授
　　　　　現在に至る

サステイナブル工学基礎 ― 持続的に発展する社会の実現に向けて ―
Basics of Sustainable Engineering ― Towards Realization of Sustainable Society ―

Ⓒ Narito Shibaike 2018

2018年 4月23日　初版第1刷発行　★
2020年12月20日　初版第2刷発行

	編 著 者	芝　池　成　人
検印省略	発 行 者	株式会社　コ ロ ナ 社
	代　表　者	牛来真也
	印　刷　所	壮光舎印刷株式会社
	製　本　所	株式会社　グ リ ー ン

112-0011　東京都文京区千石 4-46-10
発 行 所　株式会社　コ ロ ナ 社
CORONA PUBLISHING CO., LTD.
Tokyo Japan
振替00140-8-14844・電話(03)3941-3131(代)
ホームページ https://www.coronasha.co.jp

ISBN 978-4-339-06645-6　C3040　Printed in Japan　　（松岡）

JCOPY　<出版者著作権管理機構 委託出版物>
本書の無断複製は著作権法上での例外を除き禁じられています。複製される場合は、そのつど事前に、出版者著作権管理機構（電話 03-5244-5088, FAX 03-5244-5089, e-mail: info@jcopy.or.jp）の許諾を得てください。

本書のコピー，スキャン，デジタル化等の無断複製・転載は著作権法上での例外を除き禁じられています。購入者以外の第三者による本書の電子データ化及び電子書籍化は，いかなる場合も認めていません。
落丁・乱丁はお取替えいたします。